우리 아이 처음 배우는

곤충 백과

글 해바라기 기획

해바라기 기획은 어린이 눈높이에 맞춰 어린이 책을 기획하고, 원고를 쓰고 있습니다.
그동안 펴낸 책으로 『1학년이 보는 과학 이야기』 『저학년이 보는 과학 이야기』 『1학년이 보는 속담 이야기』 『저학년이 보는 우주 이야기』 『저학년이 보는 지구 이야기』 『저학년이 보는 동물 이야기』 『저학년이 보는 인체 이야기』 등이 있습니다.

그림 김진경

대학교에서 동양화를 전공하고 아이들을 가르치다가 아이들을 위한 그림을 그리기 시작했습니다.
그동안 그림을 그린 작품으로는 『3학년을 위한 백과사전』 『남대천에 연어가 올라오고 있어요』 『과학 동화』 『식물도감』 『눈의 여왕』 『20년 후』 『선녀와 나무꾼』 『용서』 『1학년이 보는 속담 이야기』 『저학년이 보는 우주 이야기』 『저학년이 보는 공룡 이야기』 등이 있습니다.

그림 김은경

서울산업대학교 시각디자인학과를 졸업하였습니다. 2001년 SOKI 국제 일러스트 공모전에서 입상하였으며, 2003년 디자인 진흥원 패키지 공모전에서 장려상을 수상하였습니다.
아이들이 자신의 그림을 보고 많은 것을 공감할 수 있는 그림을 그리기 위해 늘 노력하고 있습니다.
현재 프리랜서 작가로 활동하고 있으며 그린 책으로는 『모래톱 이야기』 『심청전』 『역사 인물 9인』 『임금님의 하루』 『로봇』 『1학년이 보는 수수께끼』 등이 있습니다.

우리 아이
처음 배우는
곤충 백과
글 해바라기 기획 / 그림 김진경 · 김은경

토피

곤충백과를 시작하며

지구에는 여러 종류의 생물이 살고 있어요.
그 가운데 곤충은 우리가 상상할 수 없을 정도로
그 수가 많답니다.
기록된 것만으로도 약 80만 종이나 되지요.
이는 전체 동물 수의 약 4분의 3을 차지하는 수랍니다.
그런데 기록되지 않은 종수까지 하면 약 300만 종이나
된다고 하니 정말 어마어마하지요?
이처럼 곤충은 종류도 많고 사는 모습도 서로 달라요.
그런데 궁금하지 않나요? 작고 약해 보이는 곤충이
어떻게 오랜 세월 동안 멸종되지 않고 살아왔을까요?
그리고 곤충마다 가지고 있는 행동이나 습관은
무엇을 뜻하는 걸까요?

곤충의 피도 빨간가요? 짝짓기를 한 수컷 사마귀는
왜 죽나요? 벼룩은 왜 날개가 없나요? 장수풍뎅이와
사슴벌레가 싸우면 누가 이겨요? 곤충도 방귀를 뀌나요?

곤충에 대한 호기심이 샘솟는 어린이라면,
누구나 한 번쯤 이와 같은 궁금증을 품었을 거예요.
이 책은 이러한 여러분의 호기심을 시원하게
풀어 주는 책이랍니다.
자, 그럼, 지금부터 궁금증을 풀러 떠나 볼까요?
그런데 쉿! 곤충들에게는 절대 비밀이에요.
자신들의 사생활을 엿본다고
불평할지도 모르니까요.

곤충이 뭐예요?

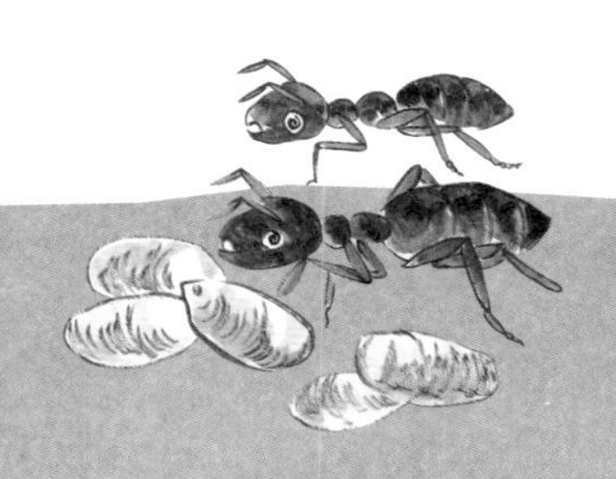

곤충은 어떻게 살아요?

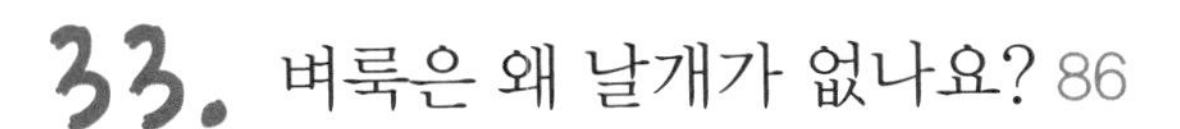

알쏭달쏭한 곤충 이야기

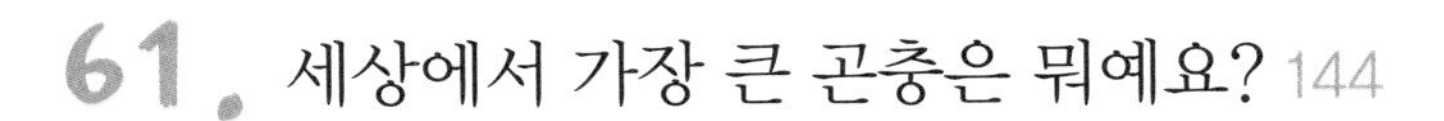

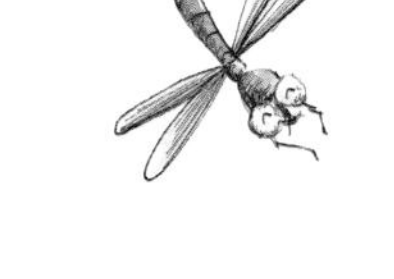

곤충이 뭐예요?

붕붕 열심히 꿀을 모으는 꿀벌,
팔랑팔랑 날개를 펄럭이는 나비,
영차영차 쇠똥을 굴리는 쇠똥구리,
모두 우리와 함께 사는 곤충이에요.
그런데 곤충이 뭐냐고요?
으음, 곤충이 뭐냐 하면요…….

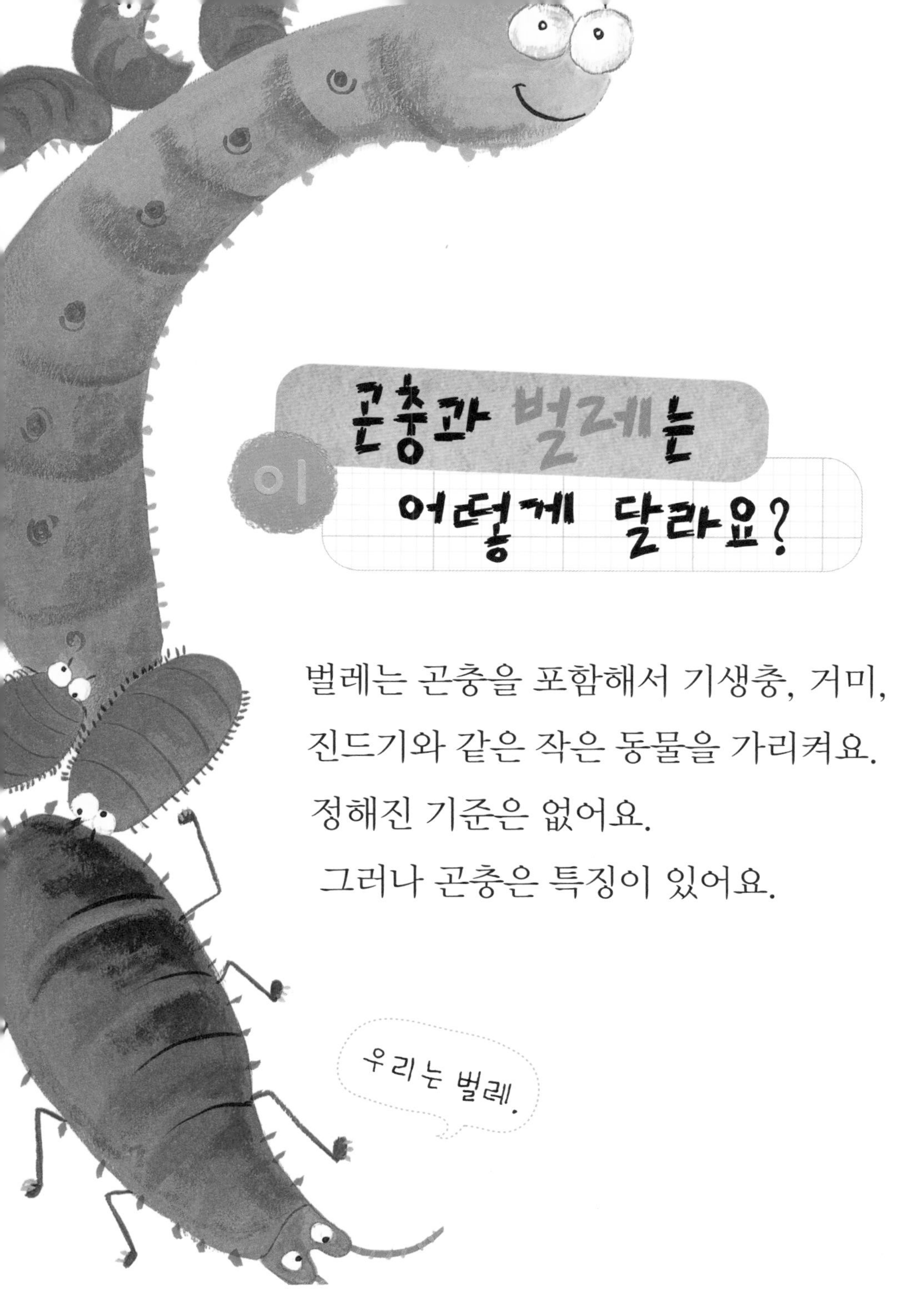

곤충과 벌레는 어떻게 달라요?

이

벌레는 곤충을 포함해서 기생충, 거미, 진드기와 같은 작은 동물을 가리켜요. 정해진 기준은 없어요.

그러나 곤충은 특징이 있어요.

곤충은 몸이 마디로 연결되어 있고
머리, 가슴, 배 세 부분으로
나뉘어요.

다리가 세 쌍, 더듬이가 한 쌍,
날개가 두 쌍 있으며 수많은
낱눈이 모인 두 개의 겹눈과 세 개의
홑눈을 가지고 있어요.
곤충이 무엇인지 이제
잘 알겠지요?

02 곤충은 언제부터 살기 시작했나요?

지구에 사람이 먼저 나타났을까요,

곤충이 먼저 나타났을까요?

정답은 곤충이에요.

곤충은 지금으로부터 약 3억 5천만 년 전에

지구에 나타나기 시작했어요.

사람은 그보다 훨씬 뒤인 3백만 년 전에

지구에 나타나기

시작했답니다.

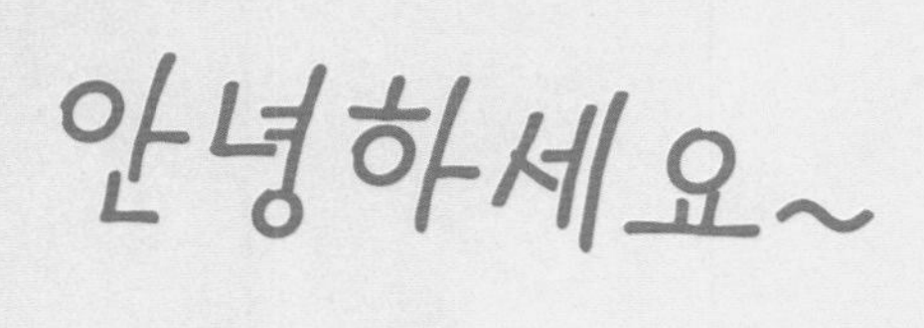

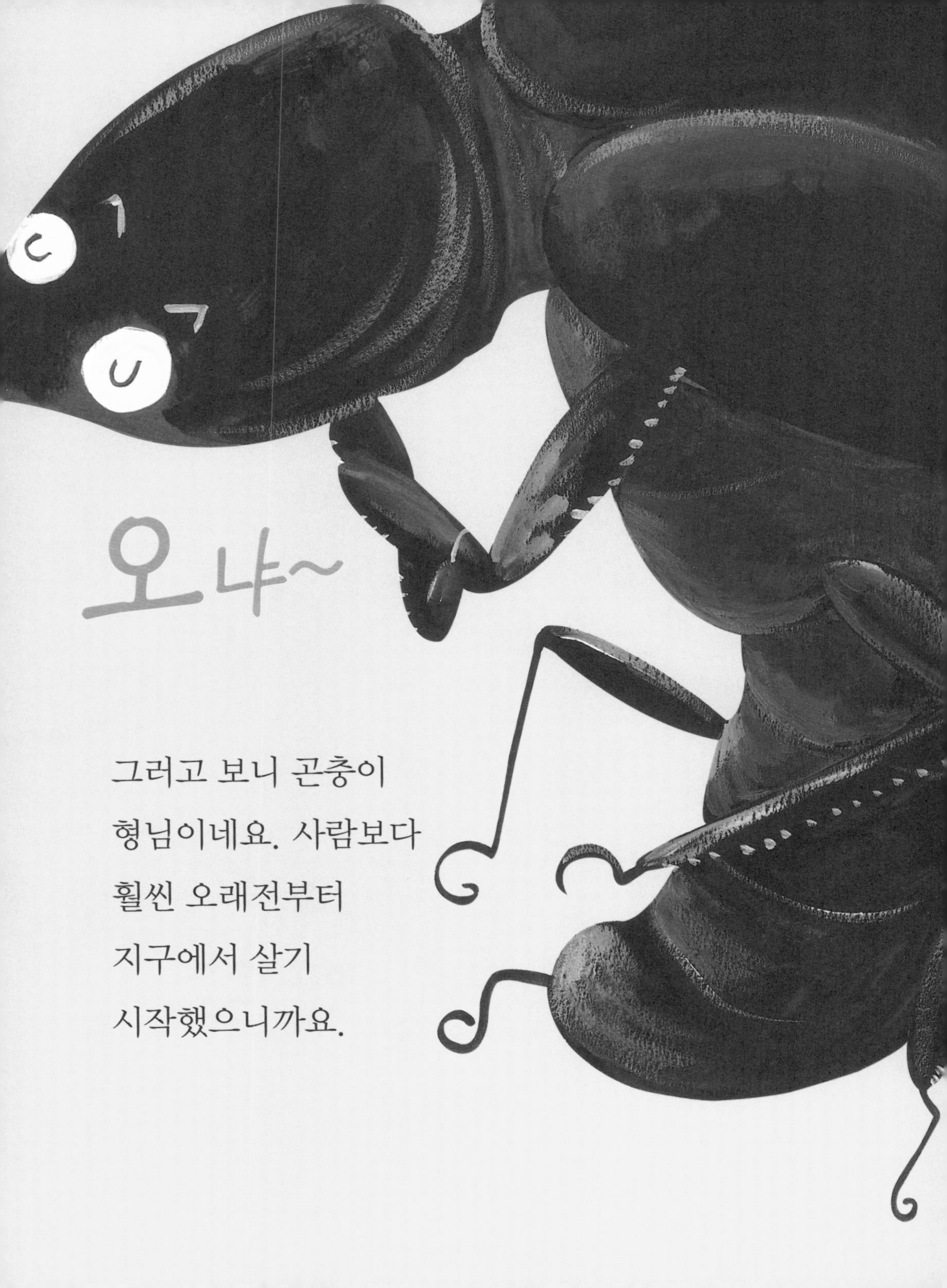

그러고 보니 곤충이
형님이네요. 사람보다
훨씬 오래전부터
지구에서 살기
시작했으니까요.

03 곤충도 뼈가 있나요?

난 딱딱한
껍데기가 있거든!

사람에게 뼈가 없다면 어떨까요?
몸이 흐물흐물하겠지요?
오징어나 낙지처럼 말이에요.
하지만 우리는 몸속의 수많은 뼈가 몸을
받쳐 주기 때문에 몸을 지탱할 수 있어요.

새나 물고기, 강아지, 사자와 같은
짐승들도 마찬가지이고요. 그럼, 곤충은 어떨까요?
곤충도 몸속에 뼈가 있을까요?
곤충은 몸속에 뼈가 없어요. 대신 겉에 있는
딱딱한 껍데기가 몸을 받쳐 주고 있어요.
그래서 멋진 자세로 날거나 기어다닐 수 있답니다.

04 곤충도 피부가 있나요?

우리 몸 전체를 둘러싸고 있는 얇은 막을
피부라고 해요. 보들보들 야들야들하지요.
피부는 몸 안으로 세균과 물이 들어가지 못하게
막아 주고, 몸속에 있는 물이 몸 밖으로 나오지
못하도록 해 주어요.
그럼, 곤충도 이렇게 고마운 피부가 있을까요?
곤충은 몸을 감싸고 있는 겉의
딱딱한 껍데기가 바로 피부예요.
우리 사람처럼 부드럽지는 않지만 세균이나 물이
몸 안으로 들어가지 못하도록 막아 준답니다.

05 곤충의 피도 빨간가요?

“으악, 메뚜기를 밟았어.”

“윽, 난 안 볼래. 빨간 피를 보면 징그러워.”

“빨간 피? 빨간 피는 안 보이는데?”

사람과 동물의 피는 빨개요.

핏속에 있는 헤모글로빈이 붉은색을

띠기 때문이지요.

하지만 곤충은 달라요.

곤충의 피에는
헤모시아닌이라는
초록색 색소가
들어 있기 때문에
피가 연두색이나
초록색을 띤답니다.
피는 모두 빨갛다고
생각했는데
깜짝 놀랐지요?

06 곤충도 코가 있나요?

"와~ 맛있는 냄새!"
고소한 부침개 냄새를 맡으면
우리는 코를 벌름벌름해요.

킁킁~

넌! 냄새 맡는 코도 없지?

난! 더듬이가
코야. 몰랐지?

강아지도 먹이를 찾을 때는
코를 킁킁거리며 냄새를 맡지요.
그럼, 곤충은 어떨까요?
곤충도 냄새를 맡는 코가 있을까요?
그럼요. 곤충도 코를 가지고 있답니다.
곤충은 머리에 있는 두 개의
더듬이가 바로 코예요.
모양은 우리와 다르지만 이 더듬이로
냄새를 맡는답니다.

07 곤충의 입은 어떻게 생겼나요?

곤충은 먹이를 먹는 방식이 서로 달라요.

어떤 곤충은 먹이를 씹어서 먹지만, 어떤 곤충은 핥아서 먹어요.

또 어떤 곤충은 빨아먹지요.

이렇게 먹이를 먹는 방식이 다르다 보니
곤충의 입도 그에 맞게 생김새가 달라요.
잠자리, 메뚜기, 사마귀처럼 먹이를 물어뜯어 먹는
곤충은 씹는 입을 가지고 있어요. 나비처럼 꿀을
빨아먹는 곤충은 긴 빨대처럼 생긴 빠는 입을 가지
고 있고, 모기나 매미처럼 뾰족한 입으로 콕 찔러
진이나 즙을 빨아먹는 곤충은 찌르는 입을 가지고
있지요. 파리나 사슴벌레처럼 혀로 먹이를
핥아먹는 곤충은 핥는 입을 가지고
있답니다.

08 곤충도 소리를 들나요?

나비를 잡았어요. 그런데 아무리 찾아보아도 귀가 보이지 않는다고요? 그래서 "아하, 곤충은 귀가 없어 소리를 못 듣는구나!"라고 생각했다고요? 그랬다면 그건 아주 잘못 생각한 거예요. 곤충은 귀는 없지만 소리를 느낄 수는 있거든요.

곤충은 더듬이나 다리, 몸의 **잔털**이 떨리는 것으로 소리를 느끼고 알아차린답니다.

09 곤충은 어떻게 숨을 쉬나요?

사람은 코나 입으로 숨을 쉬지만,

곤충은 기문으로 숨을 쉬어요.

기문은 곤충의 몸 옆쪽에 열려 있는 구멍으로

몸속 기관과 연결되어 있어요.

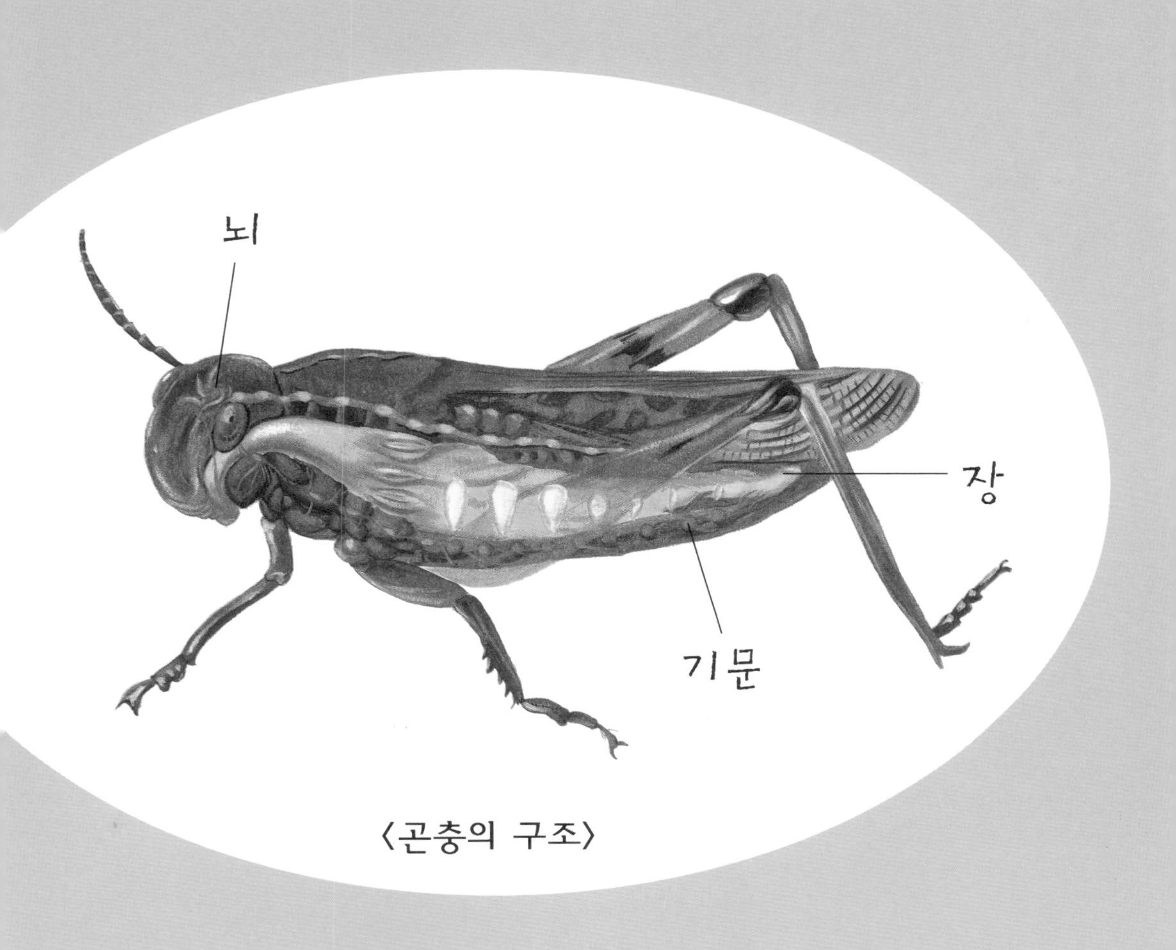

〈곤충의 구조〉

보통 가운뎃가슴마디보다 뒤쪽에 있는 마디에 10쌍이 있어요.

기문으로 숨을 들이쉬면 산소가 기관을 지나 뇌, 위, 장, 근육 등으로 전해져요.

10 곤충의 눈은 어떻게 생겼나요?

잠자리를 잡아본 적 있나요? 풀잎 위에 앉아 있는 잠자리를 보고 살금살금 다가가 손을 내밀면 어떻게 알았는지 날아가 버리곤 했을 거예요.

잠자리는 뒤에도 눈이 있나?

적이 다가오는 것을 어떻게 알고 도망갈까요?

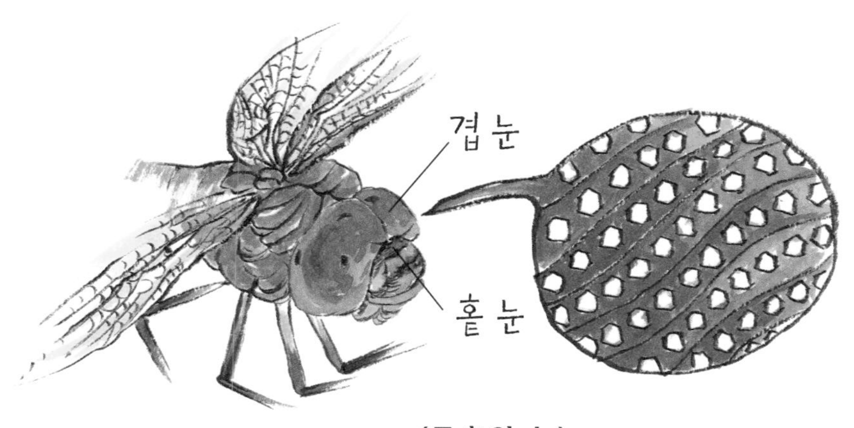

〈곤충의 눈〉

그 까닭은 바로 눈 때문이에요.
잠자리를 비롯한 곤충은 두 개의 큰 겹눈과
세 개의 작은 홑눈을 가지고 있어요.
겹눈은 작은 눈이 수백 개 모여 있는
눈이랍니다. 눈이 많다 보니 움직이는 물체를
잘 볼 수 있지요. 또 홑눈은 물체의 형태와
밝음과 어두움을 잘 느낄 수 있어요.
이렇게 눈이 많으니 곤충은 적을 쉽게 알아차리고
달아날 수 있어요. 반대로 먹이를 잡을 때는 작은
먹잇감도 놓치지 않고 잡을 수 있답니다.

11 곤충은 어떻게 겨울잠을 자나요?

추운 겨울이 되면 곤충들은 꼼짝하지 않고
잠을 자기 시작해요. 먹이도 구하기 힘든 겨울에
돌아다니다가 얼어 죽기라도 하면 큰일이니까요.
어떤 곤충은 어른벌레인 채로 떼를 지어
잠을 자고, 어떤 곤충은 알이나, 애벌레,
번데기인 상태로 겨울잠을 잔답니다.
무당벌레처럼 어른벌레로 잠을 자는 곤충은
나무껍질이나 돌 틈에 모여 잠을 자고,
사마귀나 풀무치 등은 알 상태로

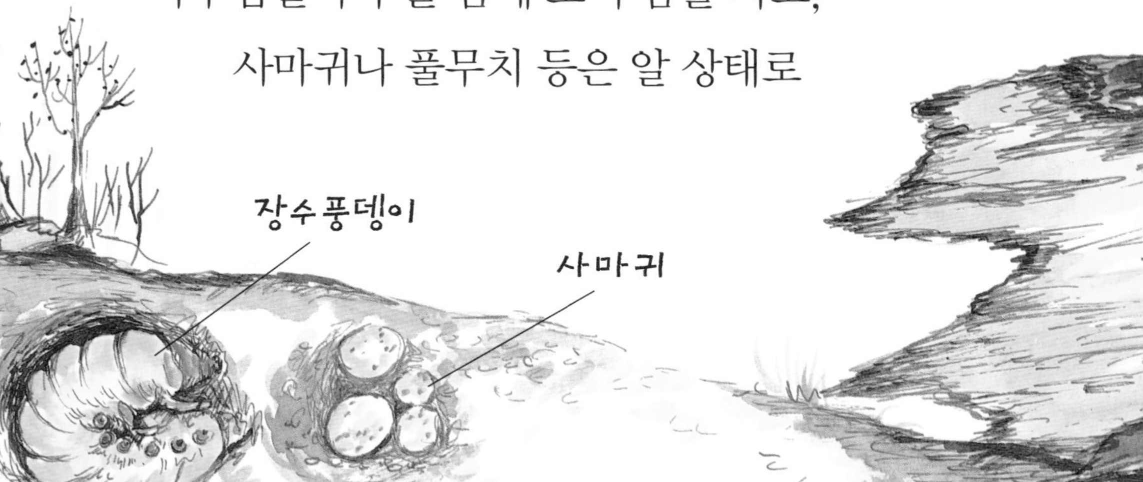

잠을 자요.
또 장수풍뎅이처럼
애벌레로 겨울을 나는
곤충은 두엄이나 낙엽 속에서
잠을 자지요. 배추흰나비나
호랑나비는 고치 속에서
번데기로 잠을 잔답니다.

12 곤충은 어떻게 자신을 보호하나요?

곤충은 크기도 작고
힘도 세지 않아요. 늘 크고 강한
동물에게 쉽게 잡아먹힐 위험이 있지요.
그래서 곤충은 자신을 보호할 무기를 가지고
있답니다. 바로 보호색이지요.
보호색은 곤충의 몸 색깔이 주위 환경과
비슷해서 눈에 띄지 않는 것을 말해요.
메뚜기는 풀잎과 같은 초록색을 띠고 있어서
새들의 눈에 잘 띄지 않아요. 또 번데기는
나뭇가지와 비슷한 갈색을 띠고 있어서 허물을
벗을 때까지 잡아먹히지 않고 안전하게
나뭇가지에 매달려 있을 수 있답니다.

13 곤충은 어디에 살고 있나요?

곤충이 살고 있는 곳은
숲 속이나 들판, 물가 등이에요.
숲 속에는 여러 종류의 나무들이 있어요.

나무 근처에 가면 사슴벌레, 하늘소,
장수풍뎅이 등 다양한 곤충을 볼 수 있어요.
들판에는 개망초, 쑥부쟁이, 자리공 등 많은
풀과 꽃이 피어 있어요. 이곳에서는 꽃을
찾아오는 벌과 나비, 꽃등에와 메뚜기 등을
볼 수 있어요. 물가에서는 잠자리,
소금쟁이, 물방개 등의 곤충을
볼 수 있어요.

14 곤충도 서로 이야기를 할 수 있나요?

"친구야, 지우개 좀 빌려 줄래?"

"그래, 여기 있어."

이처럼 우리는 하고 싶은 말이 있으면 서로 이야기를 해요. 그런데 곤충은 말을 못 하니 참 답답하겠지요? 그렇지 않아요.

곤충도 소리나 행동으로 서로 이야기를 한답니다.

수컷 매미나 귀뚜라미, 사슴벌레,
베짱이 등은 큰 울음소리로 암컷을
부르거나 자신의 영역을 알려요.
반딧불이는 반짝이는 빛으로
사랑하는 짝을 찾는다고 이야기를 해요.
개미는 페로몬이라는 냄새를 풍겨서
다른 개미에게 길을 알려
주어요. 또 꿀벌은 꿀이
있는 곳을 엉덩이를
흔들어 알려
준답니다.

15 곤충도 암수가 있나요?

암컷은
사람이나, 곤충이나
월등해!!

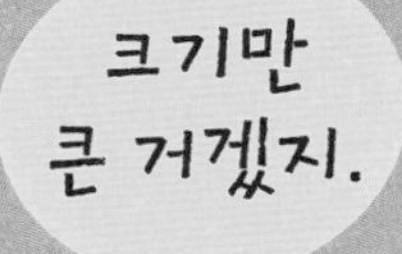

사람은 남녀가 있어요. 동물도 암수가 있고,
식물도 암수가 있어요. 마찬가지로 곤충도
암수가 있답니다.

곤충의 암수 구별은 꽁무니나 몸집의 크기,
뿔이 있고 없고 등등으로 구별을 해요.

메뚜기의 경우 암컷의 배 끝에는 산란관이 있어서
두 개의 삽이 어긋난 듯한 모양을 하고 있어요.
또 암메뚜기가 수메뚜기보다 몸집이 더 크답니다.
귀뚜라미의 경우 수컷은 꽁무니에 꼬리털만 두 개
있지만, 암컷은 꼬리털 두 개 사이에 산란관이
송곳처럼 삐죽 나 있어요. 그리고 매미와
마찬가지로 수컷만이 소리를 내어 운답니다.

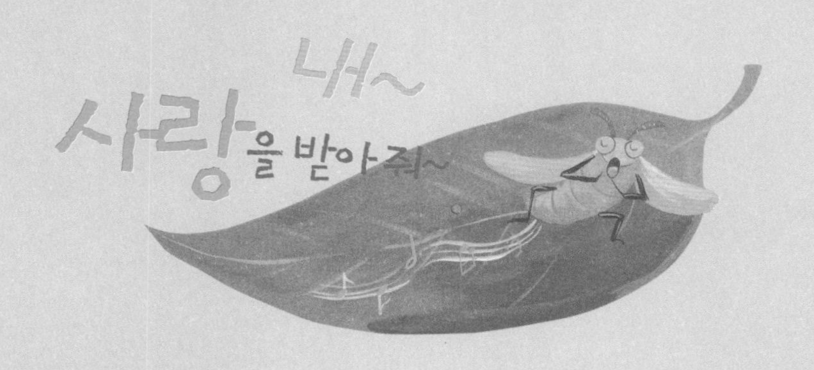

16 곤충도 사랑을 하나요?

곤충도 아름다운 사랑을 한답니다.
곤충의 사랑을 짝짓기라고 해요.
짝짓기는 알을 낳아 자신들과 똑같은 후손을
남기기 위한 행동이에요.
짝짓기를 위해 수컷 곤충들은 저마다의 방법으로
암컷을 끌어들여요.

매미는 힘찬 울음소리로
암컷 매미를 불러 짝짓기를 해요.
수컷 나비는 마음에 드는
암컷 주위를 돌며 사랑을 고백해요.
암컷이 수컷의 마음을 받아들이면
함께 하늘로 올라 멋진 춤을 춘 뒤
풀줄기에 앉아 짝짓기를 하지요.
나방은 암컷이 페로몬이라는
냄새를 풍겨서 수컷을 끌어들여요.
수컷이 냄새를 맡고 암컷에게
가면 짝짓기가 이루어진답니다.

17 곤충의 탈바꿈이 뭐예요?

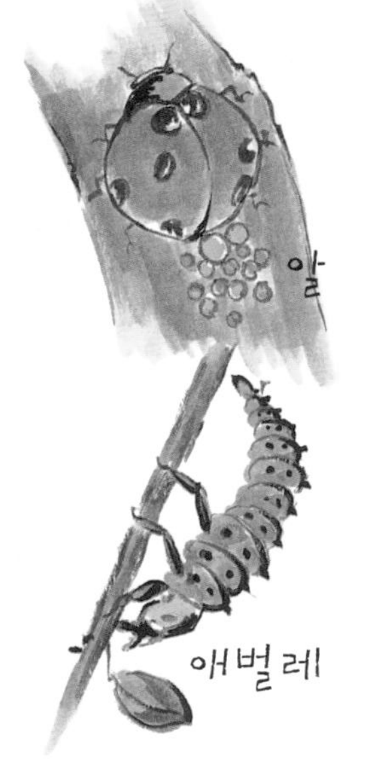

탈바꿈은 곤충이 자라면서
몸의 모습과 구조가 바뀌는 것을
말해요.

나비, 벌, 파리, 무당벌레, 장수하늘소와
같은 곤충은 알에서 애벌레가 생겨요.
애벌레는 번데기가 되고,
번데기에서 나비, 벌, 파리, 무당벌레,
장수하늘소가 나온답니다.
이런 탈바꿈을 '완전 탈바꿈'
이라고 해요.

〈완전 탈바꿈〉

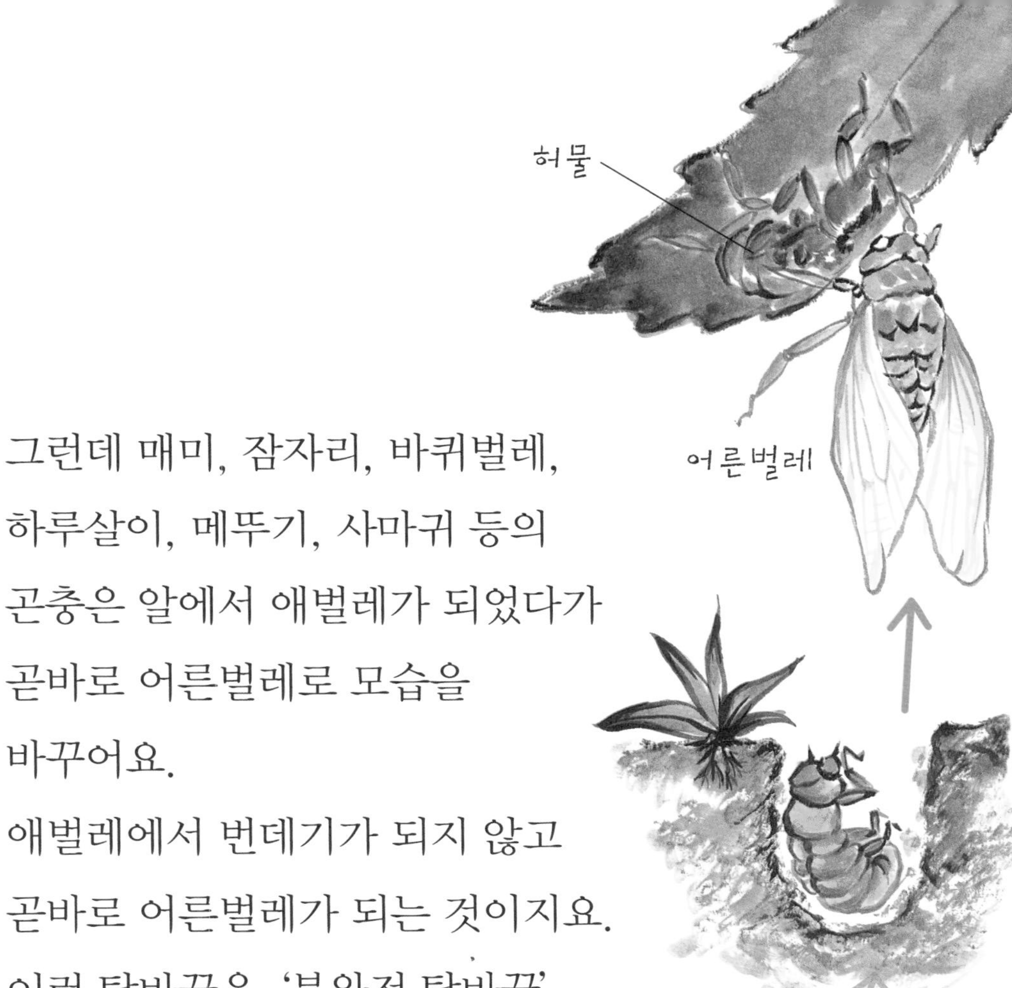

그런데 매미, 잠자리, 바퀴벌레,
하루살이, 메뚜기, 사마귀 등의
곤충은 알에서 애벌레가 되었다가
곧바로 어른벌레로 모습을
바꾸어요.
애벌레에서 번데기가 되지 않고
곧바로 어른벌레가 되는 것이지요.
이런 탈바꿈을 '불완전 탈바꿈'
이라고 해요.

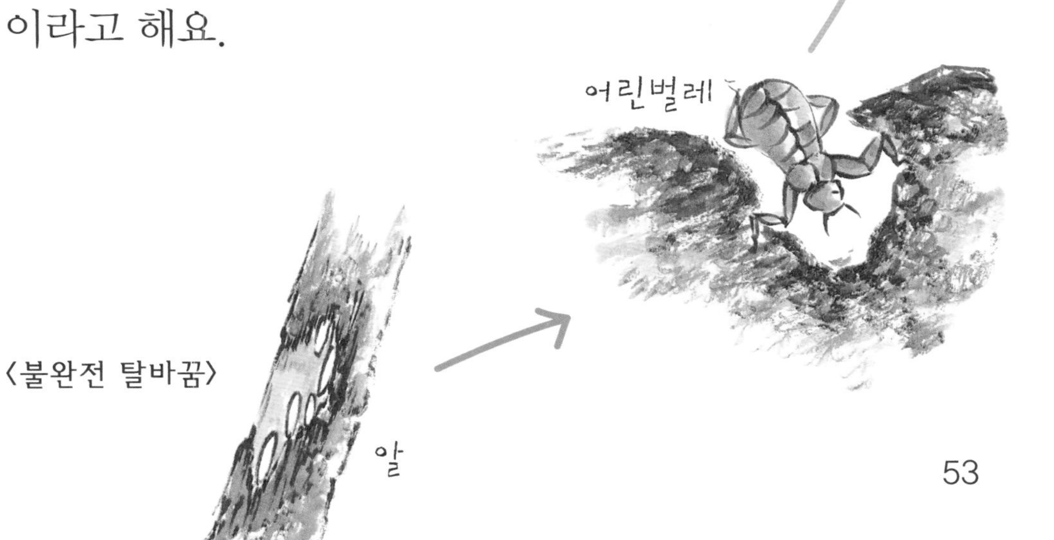

〈불완전 탈바꿈〉

18 곤충은 왜 탈바꿈을 하나요?

곤충이 탈바꿈을 하는 것은 위험을 줄여
살아남기 위해서예요.

그래서 애벌레일 때와 어른벌레일 때
서로 해야 하는 일이 나누어져 있어요.
애벌레일 때는 먹이를 잘 먹어 몸에 양분을 모아
두어요. 어른벌레가 되었을 때는 알을 낳고
애벌레를 키울 수 있는 곳을 찾아다녀요.
이처럼 사는 곳과 시간을 나누어 탈바꿈을 하면
생명을 잃는 위험이 줄어든답니다.

아이구~
어디에 알을 낳지?
여기 숨어서
무럭무럭 자라야지.

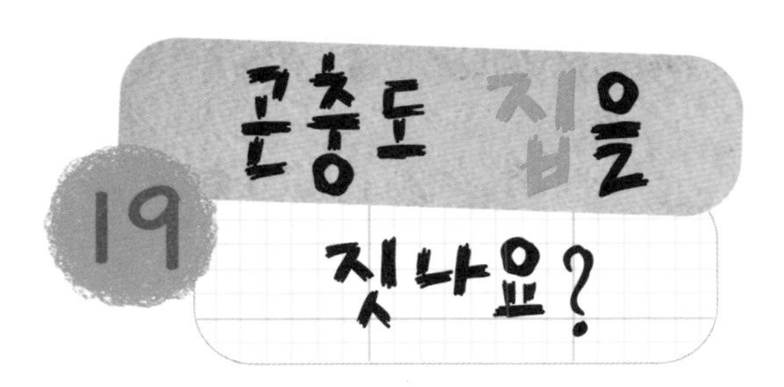

19 곤충도 집을 짓나요?

사람에게 집은 추위와 더위를 막아 주고 편안하게 쉴 수 있는 곳이에요. 그럼 곤충은 어떨까요? 곤충도 집을 지을까요? 모든 곤충이 그런 것은 아니지만 몇몇 곤충은 집을 지어요.

쌍살벌은 알을 낳기 위해 집을 지어요. 주로 바위 밑이나 나뭇잎 아래에 지어요.

명주잠자리의 애벌레인 개미귀신은 흙에 구덩이를 파서 집을 지어요.

이 집은 살기 위해서라기보다는
구덩이에 개미나 애벌레가 빠졌을 때
잡기 위해서 짓는 거예요.
또 어떤 곤충은 추운 겨울을
나기 위해 집을 지어요.
도롱이벌레는 스스로 토해
낸 실로 나뭇가지를 엮어
자신과 닮은 모양의 집을
지어서 그 안에 들어가 겨울을
난답니다.

야!
너 곤충 맞아?
그럼, 나같이 멋진
날개는 어딨어?
나!
곤충 맞거든!

20 날개가 없어도 곤충인가요?

곤충의 특징 가운데 하나는 날개가 있는 것이라고 했어요. 하지만 어떤 곤충은 날개가 없어요. 날개가 없어도 곤충이랍니다. 대표적인 것이 개미예요. 개미는 수개미와 여왕개미만 날개가 있고, 일개미는 날개가 없어요.

또 늦반딧불이의 수컷은 날개가 있어 날 수 있지만, 암컷은 날개가 아주 작아 날지를 못하고 기어 다녀요. 이들 곤충들은 처음에는 날개가 있었지만, 점점 날개를 사용하지 않아 없어져 버린 거랍니다.

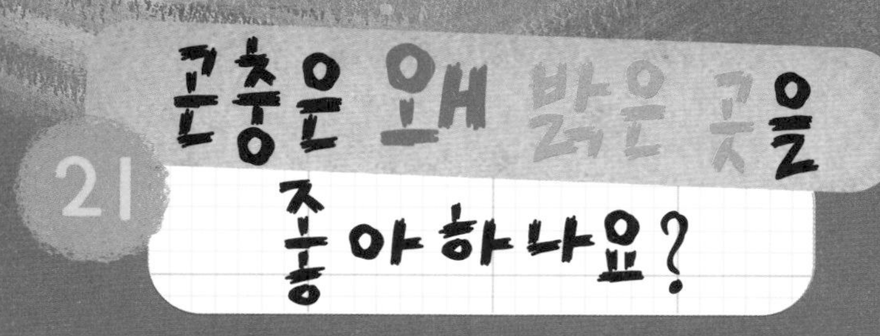

밤이 되어 전깃불을 켜면 곤충들이 불빛으로 모여들어요. 왜 그런지 궁금하지요?

곤충은 사람이 지구에 나타나기 훨씬 전부터 살아왔어요. 오래전부터 곤충들은 밤하늘의 달을 보고 길을 찾아다녔어요.

이러한 습성 때문에 형광등이나 가로등에 불이 켜지면 길을 비추는 달빛인 줄 알고 달려든답니다.

22 곤충은 얼마 동안 살 수 있나요?

곤충이 사는 기간은 알에서 어른벌레까지예요.
알이 애벌레를 거쳐 번데기가 되거나 그대로
어른벌레가 되면 다시 알을 낳고 죽지요.
이 기간이 보통 1년 걸려요.
하지만 매미는 달라요. 암컷 매미가 알을 낳으면
알에서 애벌레인 굼벵이가 깨어나고, 굼벵이는
땅속에서 무려 10년을 산답니다. 굼벵이는 10년이
지나면 땅 위로 올라와 굼벵이 허물을 벗고
매미가 되지요. 그런데 매미로 사는 기간은
고작 열흘 남짓이랍니다. 또한 하루살이는
어른하루살이가 되어 하루나 삼일 정도 살지만
애벌레는 2년이나 산답니다.

알
매미
굼벵이
영차 영차~
허물을 벗자.
에구~ 드디어
10년이 됐네.

곤충은 어떻게 살아요?

곤충이 사는 방법은
저마다 달라요. 무엇을 먹고,
어떤 특징을 가지고 살아가는지
우리 주변에서 흔히 볼 수 있는
곤충들을 중심으로 알아보아요!

23 쇠똥구리는 왜 쇠똥을 굴려요?

"영차, 영차! 굴려라, 굴려!"

"얘들아, 피해! 쇠똥구리가 냄새나는 쇠똥을 굴리고 있어!"

쇠똥구리는 여름이면 쇠똥이나 말똥을 굴려 둥근 덩어리를 만들어 굴에 저장해요. 그러고는 쇠똥 덩어리 속에 알을 낳는답니다.

쇠똥에는 알이 자라는 데 필요한 영양분이 많거든요. 쇠똥구리의 알들은 쇠똥 속에서 쇠똥의 영양분을 먹으며 건강한 애벌레로 자란답니다.

24

벌은 왜 육각형으로 집을 짓나요?

벌집은 여러 종류의 벌들이 살고 새끼를 기르는 곳이에요. 벌집을 짓는 벌은 일벌이에요. 일벌은 집을 짓기 전에 꽃에서 많은 꿀을 빨아들여 몸에 저장해요. 그러고는 집 지을 곳을 정하고 몸에서 누런 색깔의 밀을 분비해서 입으로 벌집을 짓는답니다.

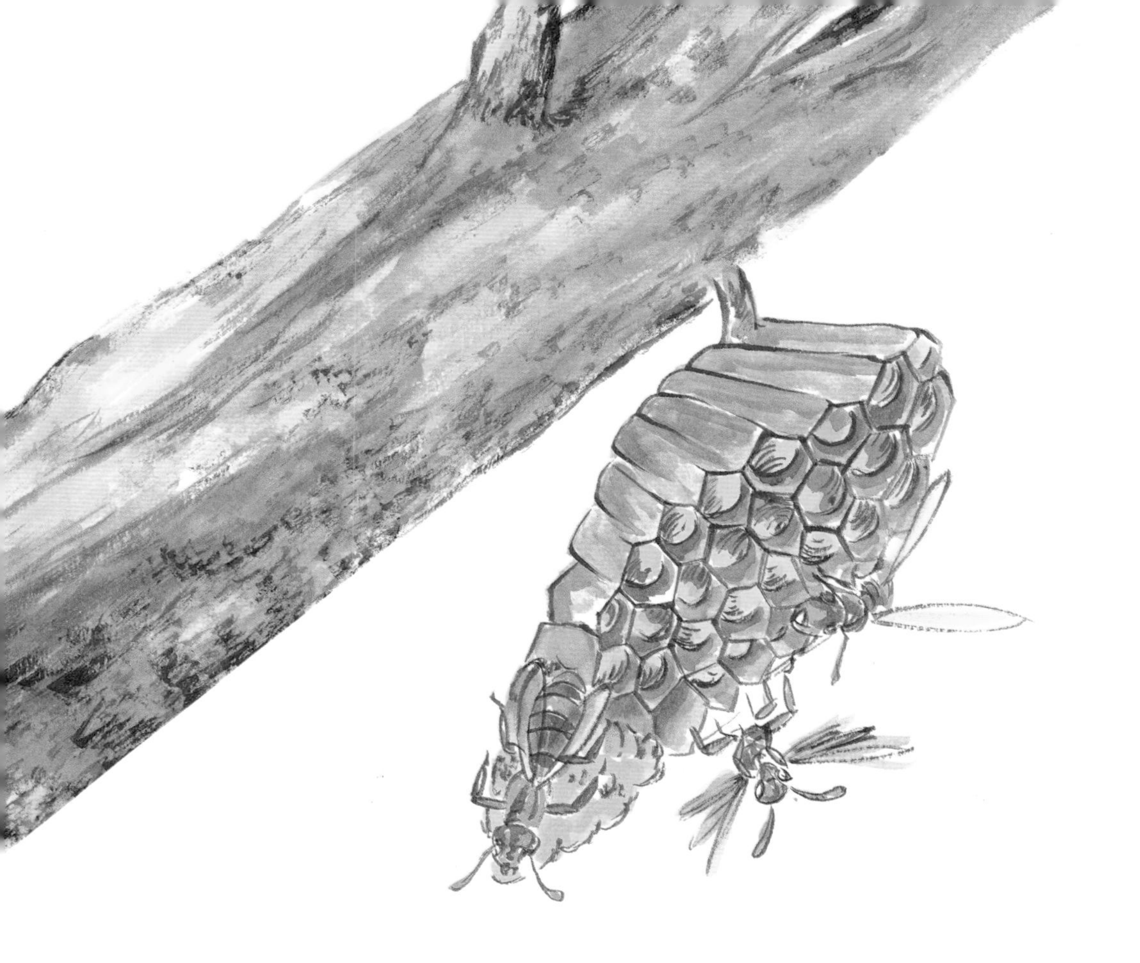

분비된 밀은 단단하게 굳어서
튼튼한 벌집이 되지요. 그런데 집 모양이
신기하게도 육각형이에요.
그 까닭은 육각형은 공간의 빈틈이 생기지
않아 튼튼한 집을 지을 수 있기 때문이랍니다.
벌들의 머리가 정말 좋지요?

25 소금쟁이는 어떻게 물에 뜨나요?

"소금쟁이야, 너는 얼마나 몸이 가벼우면 물에 뜰 수 있니?"

"으음, 내가 다이어트로 살 좀 뺐거든. 호호!"

소금쟁이의 이 말에 속지 말아요.

소금쟁이가 물에 뜨는 까닭은 물의 표면 장력(물의 표면이 오그라들어서 아주 작은 면적만 취하려는 힘) 때문이에요. 더욱이 소금쟁이의 발목마디에는 기름이 나오는 잔털이 많아서 물과 기름의 반발의 힘 때문에 표면 장력이 커진답니다.

이 때문에 소금쟁이는 물속으로 가라앉지 않고

뜰 수 있는 거랍니다.

26 나비의 날개는 왜 젖지 않아요?

"어? 나비는 비를 맞아도 날개가 젖지 않네?"

"놀라지 마. 나비들은 천연 방수 처리가 된 날개를 가지고 있어서 그래."

이게 무슨 말이냐고요?

나비의 날개는 기름기가 많은 비늘가루로 덮여 있어요.

기름은 물과 섞이지 않는 특성이 있기 때문에 날개에 빗물이 닿으면 도르륵 굴러 떨어진답니다.

목표물 발견!
맛있겠다.

27 잠자리는 무시무시한 먹보라고요?

잠자리가 얼마나 먹보인 줄 아시나요?

하루에 무려 150여 마리의 곤충을 잡아먹는답니다. 하루살이, 모기, 나비, 심지어 같은 잠자리까지 먹어치우지요.

잠자리는 하늘 높이 날면서 잘 발달된 겹눈과 홑눈으로 먹잇감을 찾아내서는 재빨리 내려가 다리로 먹이를 움켜잡아요.

그러고는 입으로 먹이를 물어뜯어 먹는답니다.

28 짝짓기를 한 수컷 사마귀는 왜 죽나요?

암컷 사마귀와 짝짓기를 한 수컷 사마귀는 목숨을 잃을 각오를 해야 해요. 암컷 사마귀는 짝짓기를 마치면 수컷 사마귀를 머리부터 먹어치우거든요. 그런데 암컷 사마귀가 수컷 사마귀를 잡아먹는 데는 다 이유가 있어요.

암컷 사마귀가 알을 낳으려면 많은 영양분이 필요하거든요. 그래서 암컷 사마귀는 수컷 사마귀를 잡아먹어서 알을 낳는 데 필요한 영양분을 얻는 거랍니다.

좀 무시무시하지만 이것은 사마귀가 후손을 계속 이어가려는 본능이에요.

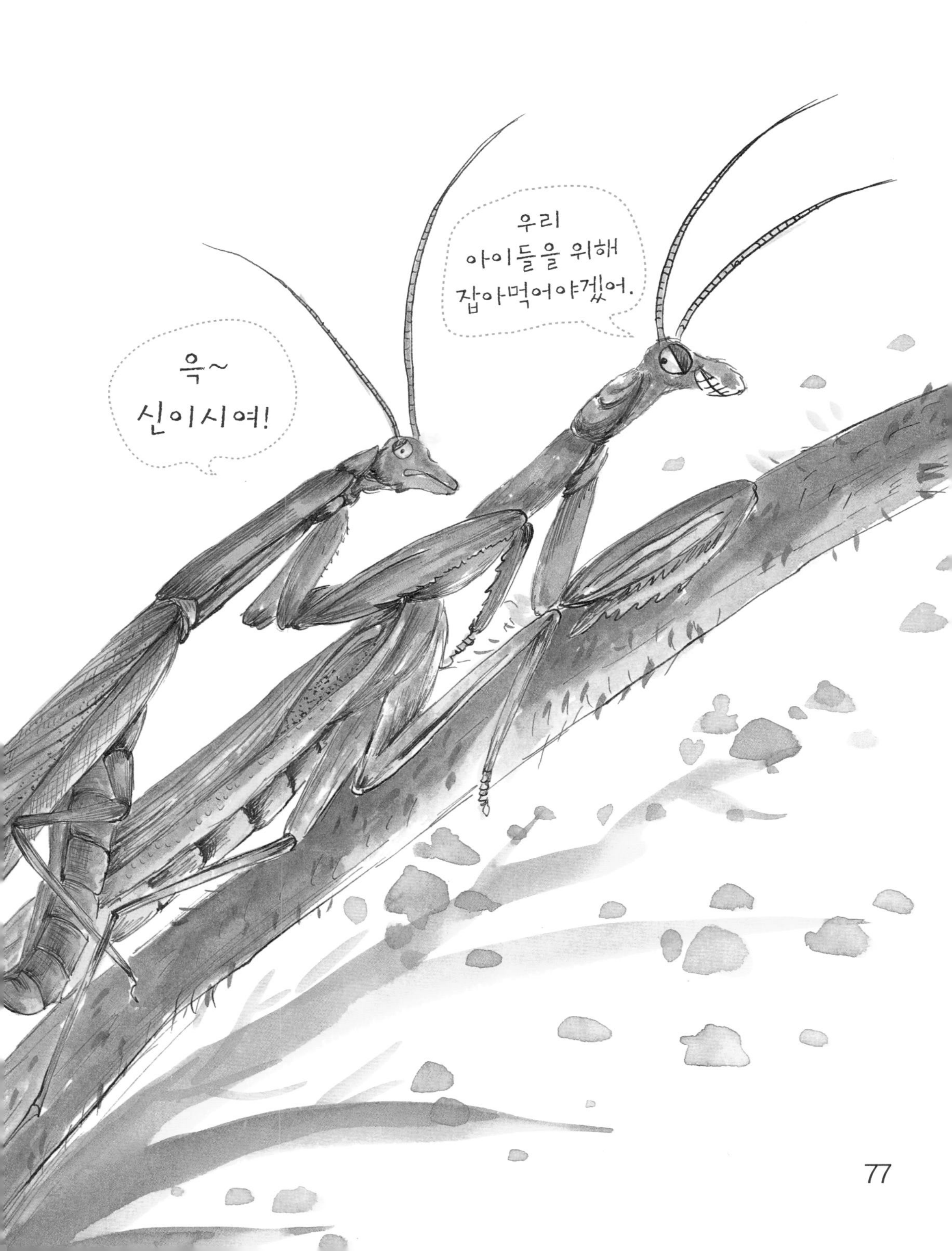

우리
아이들을 위해
잡아먹어야겠어.
윽~
신이시여!

29 장수풍뎅이의 암수는 어떻게 달라요?

곤충 가운데는 암수를 구별하기 쉽지 않은 것이 많아요. 어떤 곤충은 짝짓기를 할 때 겨우 알 수 있을 정도랍니다. 하지만 장수풍뎅이는 암수를 구별하기가 무척 쉬워요. 머리 앞쪽에 큰 뿔이 하나 있고, 머리 위쪽에 작은 뿔이 하나 있는 것이 수컷 장수풍뎅이이거든요.

암컷 장수풍뎅이는 수컷보다 몸집이 작고 뿔도 없어요. 암컷은 낙엽 속에 들어가 알을 낳기 때문에 뿔이 있다면 오히려 거추장스럽거든요.

뿔이 없는게
암컷이네~

30 나비는 어떻게 꽃을 찾아가나요?

"으음, 꽃향기네? 얘들아, 저쪽으로 날아가 보자."
나비도 코가 있나요?
어떻게 꽃향기를 맡을 수 있지요?
나비는 더듬이로 꽃향기를 맡아요.
그래서 향기로운 꽃 주위에는 늘 나비가 있답니다.
또 하나, 나비는 꽃의 색깔과 모양을 보고
날아든답니다.
나비가 꽃을 보면 꿀이 있는 부분은 진하게 보여요.
나비들은 어떤 색깔의 꽃에는 꿀이 많다는 것을
경험으로 알고 꽃을 찾아오게
된답니다.

음~ 맛있는 냄새~

31 송장벌레를 왜 숲 속의 청소부라고 하나요?

송장벌레는 동물의 사체에 어김없이 나타나는 곤충이에요. 더듬이로 사체가 썩는 냄새를 맡으면 어디쯤에 사체가 있는지 정확히 알아내 쏜살같이 달려온답니다. 수컷이 먼저 사체를 발견하면 사체에 페로몬을 뿌려 암컷을 끌어들여요. 그러고는 암수가 힘을 합해 낙엽이나 흙으로 사체를 잘 묻은 다음 사체를 묻은 땅 위에 알을 낳지요. 알이 깨어나 애벌레가 되면 애벌레들은 땅에 묻어놓은 사체를 먹으면서 자란답니다.

건강한 새끼를 기르려는
송장벌레의 지혜가
놀라웁지요?
아기들아, 땅속에 먹이가 있단다.
톡~톡
어머나! 알이 깨어나고 있어요!
오잉? 저건 왜 저렇게 누워 있는 거야? 나 먹으라는 건가?

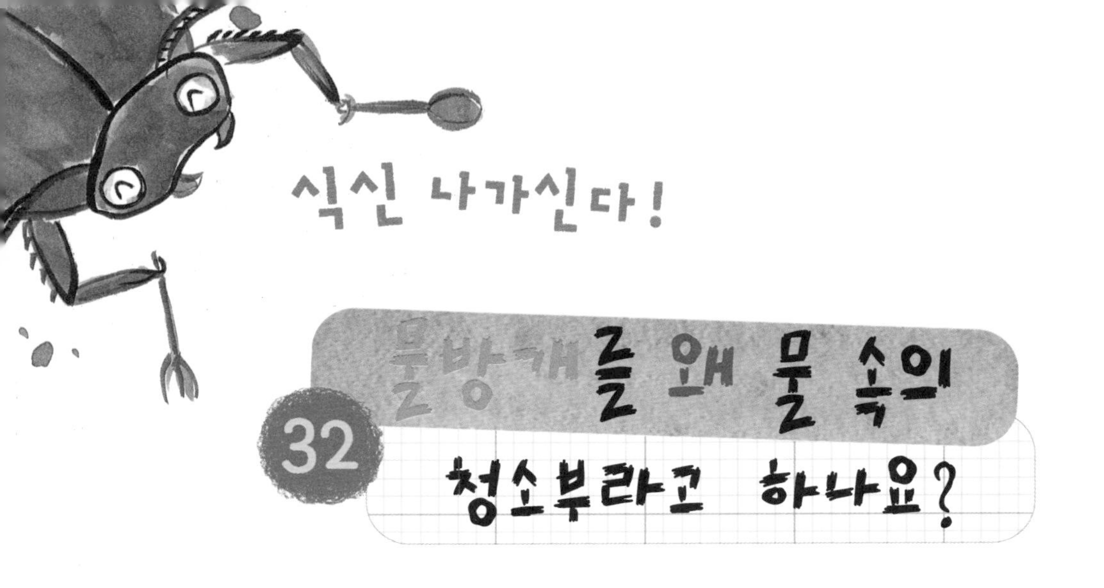

32 물방개를 왜 물 속의 청소부라고 하나요?

물방개, 이름이 참 귀엽지요? 하지만 물방개의 식성을 안다면 귀엽다는 말이 쏙 들어갈 거예요. 물방개는 물속 곤충을 닥치는 대로 먹어치우거든요.

물방개의 먹이는 작은 물고기와 물자라, 잠자리 애벌레 등 물속 작은 곤충이에요. 살아 있는 곤충뿐만 아니라 동물의 사체까지도 씹어먹는답니다. 매끈하고 단단한 날개가 몸을 감싸고 있는 물방개는 힘도 세어서 불빛을 보면 날아들기도 한답니다.

무섭다~

33 벼룩은 왜 날개가 없나요?

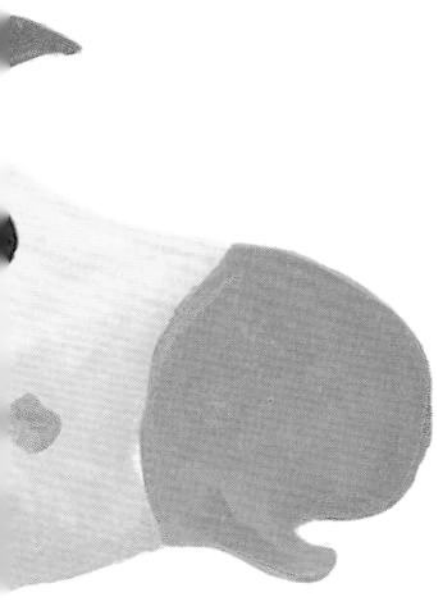

벼룩은 깨알처럼 작은 곤충으로 동물의 몸에서 피를 빨아먹고 살아요. 벼룩도 처음에는 날개가 있었어요. 하지만 동물의 털 속에서 피를 빨며 살다 보니 털 속에서 옮겨 다닐 때, 나는 것보다 톡톡 튀는 것이 더 편했어요.

그래서 점점 날개를 쓰지 않고 뛰어오르며 살다 보니 날개가 아예 없어져 버렸답니다. 그럼, 날개가 없으니 벼룩은 곤충이 아닐까요? 그렇지 않아요. 벼룩도 곤충이랍니다.

34 사슴벌레의 집게가 이빨이라고요?

수컷 사슴벌레는 머리에 집게처럼 생긴 뿔이
달려 있어요. 집게 안쪽에는 날카로운 돌기도
있어요.
이 집게는 사실 사슴벌레의 턱이에요.
날카로운 돌기는 이빨이고요.
그렇다고 턱으로 먹이를 집어 이빨로 씹어먹지는
않아요. 턱은 싸움을 할 때 무기로 쓸 뿐이랍니다.
먹이는 혀로 나뭇진을 빨아먹어요.
암컷의 턱은 수컷의 턱과 달리 작고 뾰족해요.
암컷은 나무에 알 낳을 구멍을 팔 때만
턱을 쓰기 때문에 큰 턱이 필요 없답니다.

흠…….
이 든든한 턱으로
사랑하는 아내를
지켜야지.
당신만 믿어요.

35 바퀴벌레는 어떻게 오랜 세월 동안 살아올 수 있었나요?

바퀴벌레는 약 3억~2억만 년 전부터 지구에 살기 시작했어요. 그런데 오래전에 살았던 바퀴벌레의 모습과 지금의 모습은 별 차이가 없답니다. 바퀴벌레가 지구에서 사라지지 않고 그토록 오랜 세월 동안 살아왔다니 참 놀랍지요?

바퀴벌레는 따뜻하고 습기가 많은 곳을 좋아해요. 달리기도 얼마나 잘하는지 적이 나타나면 재빠르게 도망간답니다. 먹이는 동물, 식물, 동물의 썩은 사체, 심지어는 가죽, 머리카락도 먹을 수 있어요. 또 아무것도 먹지 않고 물만 먹으며 하루 종일 굶어도 끄떡없어요.

아예 먹이를 먹지 않고 몸 안에 저장해 둔

영양분만으로 일주일을 버틸 수도 있답니다. 바퀴벌레는 높은 곳에서 떨어져도 죽지 않아요.
암컷 바퀴벌레는 한 번에 수십 개의 알을 낳는데, 한 번의 짝짓기로 평생 알을 낳을 수 있어요. 또 한 번 간 길은 잊지 않고 기억했다가 다시 갈 수 있을 정도로 학습 능력도 뛰어나답니다.
이처럼 살아가는 데 좋은 여러 가지의 장점을 가지고 있기 때문에 바퀴벌레는 오랜 세월 동안 지구에 살아남을 수 있었던 거랍니다.

윽~ 바퀴벌레다!

36 쌍살벌의 자식 사랑이 유별나다고요?

암컷 쌍살벌은 육각형의 집을 짓고 새 집에 알을 낳아요. 알은 일주쯤 지나면 깨어나 애벌레가 되지요. 애벌레가 나오면 쌍살벌은 정성을 다해 새끼를 기른답니다.

꽃에서 꿀을 빨아다 애벌레에게 주고 조금
자라면 다른 곤충의 애벌레를 씹어먹여요.
또 아침이면 부지런히 집에 스며든 이슬을 입으로
빨아들인 뒤 뱉어 내어 집을 뽀송뽀송하게 만들어요.
더운 날에는 새끼들에게 날개로 부채질을 하여
더위를 식혀 주고, 물을 입에 머금어 와서 집에 뿌려
시원하게 해 주어요. 또 새끼들이 자라는 데 맞추어
방도 넓혀 준답니다. 어때요? 쌍살벌의 자식
사랑이 우리 부모님들의 자식 사랑만큼
눈물겹지요?

37 집게벌레는 왜 새끼에게 먹히나요?

집게벌레는 쌍살벌만큼 자식 사랑이 유별나요. 짝짓기가 끝나면 암컷 집게벌레는 수컷 집게벌레를 잡아먹어요. 알을 낳으려면 영양분이 많이 필요하기 때문에 어쩔 수 없어요. 암컷 집게벌레는 알을 낳은 뒤 알의 곁을 떠나지 않고 돌보기 시작해요. 매일 알을 닦아 세균이 얼씬도 못 하게 하고, 너무 추우면 알맞은 온도를 찾아 알을 옮기기도 해요. 하지만 알에서 애벌레가 나올 때쯤이면 암컷 집게벌레는 기운을 잃고 그만 죽고 만답니다. 그러면 애벌레들이 어미를 먹어치워요.

우리 아가들~
깨끗해야지.

애벌레들은 어미를 먹어 몸에 영양분을 가득 저장한 덕분에 추운 겨울을 거뜬히 견뎌 낼 수 있게 된답니다.

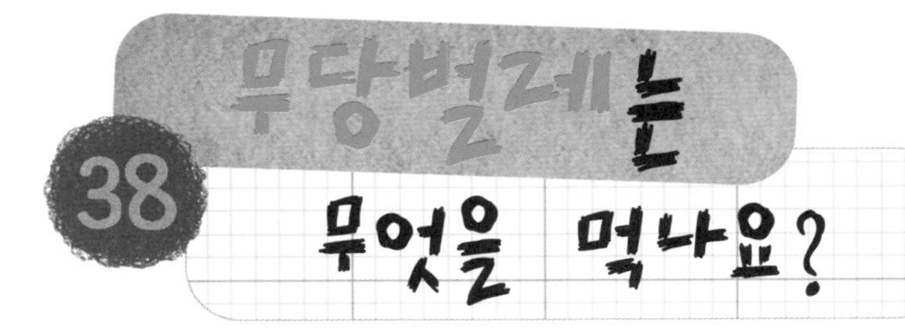

38 무당벌레는 무엇을 먹나요?

무당벌레는 농부들에게 고마운 곤충이에요.

무당벌레는 진딧물을 좋아하거든요.

애벌레 때부터 진딧물을 먹기 시작하여

다 자란 어른벌레가 되어서도

변함이 없어요.

애벌레 한 마리가 한 달

동안 약 7백 마리의 진딧물을 먹는다고 하니
정말 대단하지요?
진딧물은 풀이나 나무의 잎이나 가지에
붙어서 진을 빨아먹는 해충이에요.
채소에 진딧물이 생기면 채소가
잘 자라지 못한답니다.
무당벌레가 이렇게 골칫덩어리인
진딧물을 잡아먹으니,
무당벌레가 농부들에게 얼마나
고마운 곤충인지 알 수 있겠지요?

39 개미와 진딧물은 왜 서로 돕나요?

개미는 진딧물의 꽁무니를 쫓아다녀요. 진딧물의 꽁무니에서는 달콤한 물이 나오거든요.

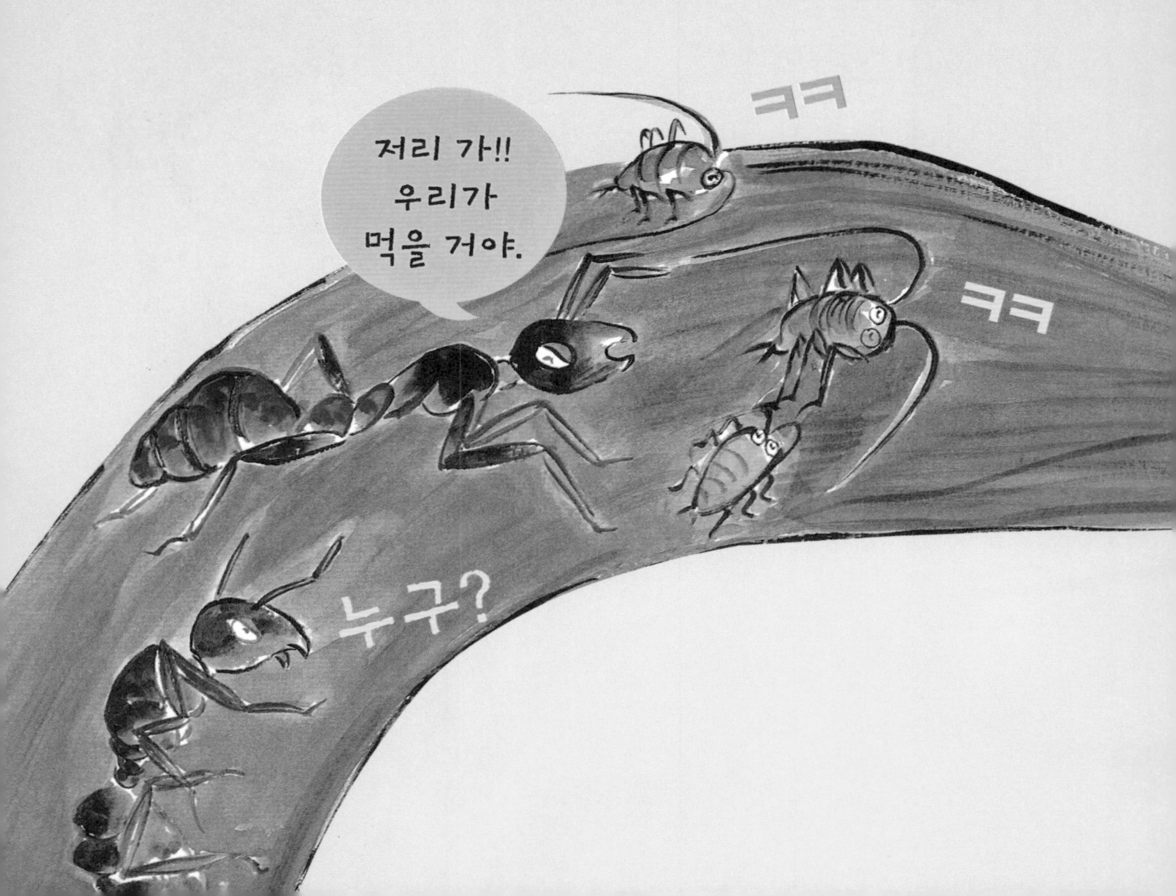

개미는 진딧물마다
찾아다니며 꽁무니에서
달콤한 물을 빨아먹어요.

그러다 진딧물을 좋아하는 무당벌레가 나타나
진딧물을 잡아먹으면 떼로 몰려들어 무당벌레의
꽁무니를 깨물며 괴롭혀요. 무당벌레는 개미들의
괴롭힘을 견디지 못하고 다른 곳으로 날아가
버린답니다.

진딧물은 개미 덕분에 목숨을 구하고 개미는
진딧물의 몸에서 달콤한 물을 먹으니
서로 사이좋게 지낼 수밖에 없겠지요?

40 나비와 나방은 어떻게 달라요?

나비와 나방은 이름이 비슷하고 둘 다 날개를 가지고 날아다니는 곤충이지만 서로 달라요.

나방은 몸이 굵고
몸에 비해 날개가 작아요.
활동도 밤에만 하는
야행성이지요. 그래서
갈색, 회색, 검은색, 흰색 등
어둔 밤에 잘 띄지 않는
빛깔의 날개로 자신을
보호하고 있어요.
나비는 몸이 가늘고 빛깔이 아름다운
날개를 가지고 있어요.
밤에는 잠을 자고 낮에만 활동을 하기 때문에
꽃의 화려한 빛깔과 비슷한 날개로
자신을 보호하고 있답니다.

41 매미는 왜 우나요?

"매애앰 맴맴~."

여름만 오면 시끄럽게 울어 대는 매미. 매미는 목도 아프지 않나요? 왜 저렇게 울어 댈까요?

매미가 우는 것은 사랑하는 짝을 찾기 위해서예요. 한마디로 살아 있는 동안 얼른 짝짓기를 하여 알을

낳기 위해 울어 대는 거지요.
그런데 모든 매미가 울 수 있는
것은 아니에요. 오직 수컷
매미만 울 수 있어요.
수컷은 배에 소리를
내는 특수한 기관이
있어서 이곳으로
소리를 낸답니다.
하지만 암컷은 소리를
내는 기관이 없어서 울지를
못한답니다.

42 반딧불이는 왜 꽁무니에서 빛이 나나요?

반딧불이는 배 끝 부분에
연한 노란빛을 내는
'발광기'가 있어요.
이곳에서 나는 빛은
열이 나지 않기 때문에
만져도 뜨겁지 않아요.

반딧불이의 꽁무니에서 빛이 나는 것은 짝짓기를
위해서랍니다.
서로 멋진 상대를 만나 알을 낳기 위해서지요.
암컷이 낳은 알은 애벌레가 되고, 애벌레가 자라
번데기가 된 뒤, 40일 정도 지나면 번데기를 벗고
어른반딧불이가 되어요. 그런데 빛은 알일 때도,
애벌레일 때도, 번데기일 때도 나요.
이때는 적에게 무섭게 보여 자신의 몸을
보호하기 위해서 나는 거랍니다.

43 거품으로 집을 짓는 곤충도 있나요?

거품으로 집을 짓는 곤충이 있다면 믿을 수 있나요?
바로 거품벌레라는 곤충이에요.
나뭇가지 사이에 뽀글뽀글 하얀 거품 덩어리가
달려 있는 것을 보았다면 그것이 바로
거품벌레의 집이랍니다.
거품벌레는 나무나 풀의 줄기에서 수액을 빨아먹고
살아요. 그런데 수액을 먹으면 거품벌레의 몸
표면에 있는 물이 방울방울 아래쪽으로
떨어진답니다. 이 물이 거품벌레가 움직일
때마다 거품을 일으켜 거품벌레를 폭 감싸게
되는 것이지요. 거품벌레는 이 거품 속에 알을
낳는답니다.

비누 거품인가?

귀뚜라미는
44
왜 우나요?

"귀뚤귀뚤 귀뚜르르르~."

더운 여름이 지나고 서늘한 바람이 부는 가을밤이면 귀뚜라미가 울기 시작해요. 귀뚜라미가 우는 것은 짝짓기를 하기 위해서예요. 수컷 귀뚜라미가 날개를 비벼서 소리를 내면, 암컷 귀뚜라미가 듣고 수컷 귀뚜라미를 찾아온답니다. 그러면 수컷 귀뚜라미는 암컷 귀뚜라미에게 청혼을 하는 노래를 한 번 더 부르고 짝짓기를 하지요. 귀뚜라미의 울음소리는 한 가지가 아니에요. 암컷을 부르는 소리, 적을 만났을 때 내는 소리, 싸움에 이겼을 때 흥에 겨워 내는 소리 등 여러 가지랍니다.

45 개미귀신이 명주잠자리가 된다고요?

개미귀신은 모래에 절구 모양의 구덩이를 파고, 그곳에 떨어지는 개미나 곤충의 애벌레 체액을 빨아먹고 살아요. 이 구덩이를 '개미지옥' 이라고 해요. 사실 개미귀신은 명주잠자리의 애벌레예요. 애벌레는 2~3년 동안 개미귀신으로 지내다 항문에서 실을 뿜어 내 고치를 만들어요. 그러고는 고치 속에서 번데기가 되지요.

애벌레고치

그게 나야~
시간이 지나면 번데기를 찢고
은빛 날개를 지닌 멋진 명주잠자리가
탄생한답니다.
우~무서워
개미귀신.

46 배추벌레가 변신을 한다고요?

배추벌레는 배춧잎에 붙어서 배춧잎을 갉아먹는 해충이에요. 몸은 연두색이나 초록색을 띠며 몸에 잔털이 빽빽이 나 있지요. 배춧잎과 몸 색깔이 비슷해서 눈에 잘 띄지 않는답니다.
배추벌레는 열심히 배춧잎을 먹어 몸에 영양분을 가득 저장해요. 그러고는 입에서 실을 뿜어 내 몸을 칭칭 감아 고치를 만들지요. 배추벌레는 고치 속에서 번데기가 된답니다.
얼마 뒤 번데기를 찢고 하얀 날개에 까만 점이 박힌 예쁜 배추흰나비가 나온답니다.

47 나비는 색깔을 구분하나요?

나도 붉은색을 좋아하는데 이 나비도 그런가 봐!

우리도 색을 구분해.

음~ 맛있어.

나비들은 자신들이 좋아하는 색깔의 꽃에 날아들어요. 호랑나비는 붉은색의 꽃을 좋아하고, 노랑나비는 노란색 꽃을 좋아해요. 또 배추흰나비는 하얀색 꽃을 좋아한답니다. 곤충은 색깔을 구분하지 못해요. 하지만 나비는 색깔을 구분할 줄 알아요. 그래서 자신들이 좋아하는 색깔의 꽃에 날아든답니다.

참, 엉겅퀴와 민들레는 꽃의 색깔과 상관없이 모든 나비들이 좋아해요. 나비들의 눈에는 꽃잎에서 꿀이 있는 부분은 진하게 보이기 때문에 그 부분을 보고 날아드는 것이랍니다.

48 파리는 음식이 있는 곳을 어떻게 아나요?

군침 도는 맛있는 음식이 차려져 있으면 용케 파리가 알고 날아와 앉아요. 그러고는 혀를 내밀어 음식을 쪽쪽 빨아먹지요. 눈이 얼마나 밝으면 멀리서도 음식을 볼 수 있을까요? 아니에요. 파리는 음식을 보고 날아오는 것이 아니라 음식 냄새를 맡고 날아오는 거예요.

더듬이로 멀리서 풍기는 음식 냄새를 맡고 냄새를 따라 날아오는 거지요.

음~ 맛있는 냄새~
에구
더러워.
냠냠,
맛있겠다!

49 하늘소는 왜 벌 흉내를 내나요?

하늘소는 벌과 생김새와 빛깔이 비슷해요.

그래서 독침을 가지고 있는 벌을 흉내 내요.

곤충들이 독침을 가지고 있는 벌을 무서워하니까요.

한마디로 하늘소를 잡아먹으려고 다가오는

곤충에게 하늘소를 벌인 줄 알고

도망가게 하려는 거지요.

벌 흉내를 내서 자신의 몸을 보호하려는

하늘소의 꾀가 대단하지요?

어쭈~
재 웃기네.
나는
독침이 있는
벌이다!!
도망가자!
벌이야!

50 모기는 왜 피를 빨아먹나요?

"앗, 따가워!" 여름밤이면 모기 때문에 잠을 설치기 일쑤예요. 잠이 들락말락한 순간 "웽~" 하고 귓가를 울리는 모기 소리는 그야말로 공포이지요. 동물의 피를 빠는 것은 암컷 모기예요. 암컷 모기가 피를 빠는 것은 알을 낳을 때 필요한 영양분을 얻기 위해서예요. 핏속에는 모기가 알을 낳는 데 필요한 영양분이 들어 있거든요. 암컷 모기는 한 번 또는 두 번 피를 빤 뒤 물이 괴어 있는 곳에 알을 낳는답니다.

51 장구애비는 물속에서 어떻게 숨을 쉬나요?

장구애비, 이름이 참 재미있지요?
장구애비는 저수지나 강, 시내 등의 물속에서 사는 곤충이에요.
'장구애비' 라는 이름은 앞다리로 물 위에서 덤벙거리는 모습이 마치 흥이 나 노래 부르며 장구를 치는 모습과 같아서

붙여진 거랍니다. 그럼, 장구애비는
어떻게 물속에서 숨을 쉬냐고요?

장구애비는 배 끝에 몸길이와 비슷한
길이의 호흡기가 한 쌍 있어요.
숨을 쉴 때는 물 위쪽으로 올라와
이 호흡기를 물 밖으로 내놓고
숨을 쉰답니다.

52 좀은 식성이 고급이라고요?

"아휴, 옷에서 이상한 냄새가 나요!"

"으응, 좀약 냄새야."

좀약은 다른 말로 '나프탈렌' 이라고 해요. 좀이 옷을 쏠지 않도록 옷장 안에 넣어 두는 약이랍니다.

좀이 뭐냐고요? 좀은 집 안에 살고 있는 작은 벌레예요. 어둡고, 습기가 많으며, 따뜻한 곳을 좋아하지요. 좀은 책을 갉아먹기도 하고, 옷을 갉아먹기도 해요. 그렇다고 모든 옷을 갉아먹지는 않아요. 비단이나, 면, 삼베 등 천연 섬유로 만든 옷만 갉아먹는답니다.

좀이 쏠은 옷은 작은 구멍이 뽕뽕 뚫려요.

아끼는 옷에 구멍이 난다면 정말 속상하겠지요?

하찮은 곤충이라고
무시하면 큰 코다쳐요.
생각지도 못한 깜짝 놀랄
일들이 숨어 있으니까요. 신기하고
재미있는 곤충 이야기를 들어 볼까요?

53 해로운 곤충은 뭐고, 이로운 곤충은 뭔가요?

사람에게 피해를 주는 곤충을
'해로운 곤충', 줄여서
'해충' 이라고 해요.
반대로 사람에게 이익을
주는 곤충을 '이로운 곤충',
줄여서 '익충' 이라고 해요.

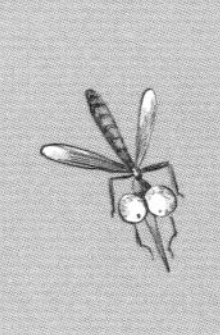

우리 주위에서 흔하게 볼 수 있는
해충은 모기, 파리, 바퀴벌레, 메뚜기,
진딧물, 개미 등이에요.
익충은 벌, 누에, 나비, 잠자리,
버마재비 등이랍니다.

54 곤충도 방귀를 뀌나요?

방귀를 뀌는 곤충이 있어요.
그 이름은 바로 폭탄먼지벌레!
방귀벌레라고도 해요.
호수나 개천과 같은 습기가 많은 땅에서 살아요.
낮에는 돌이나 낙엽 밑, 또는 흙 속에 숨었다가
밤에 나와서 벌레를 잡아먹지요.
위험을 느끼면 항문 주위의 분비샘에서 "뿡뿡!"
큰 소리로 독가스를 뿜어내며 도망간답니다.
독가스는 얼마나 강한지 사람 피부에 닿으면
살이 부어오르고 몹시 아파요. 하지만 여러 해충을
잡아먹는 이로운 곤충이랍니다.

에잇~
이거나 먹어라!
으윽!

55 초파리는 왜 실험용으로 쓰이나요?

초파리는 파리보다 작은 파리예요.
주로 과일이나 음식물 쓰레기 주위에서 볼 수 있어요. 초파리는 실험용으로 인기가 높아요.
그 까닭은 초파리의 염색체가 사람의 염색체와 거의 비슷한 유전 물질을 가지고 있기 때문이랍니다.
그래서 초파리로 실험을 하여 사람의 질병을 치료하는 약을 개발하고 있어요.
더욱이 초파리는 알에서 어른초파리가 되는 데 약 15일 정도밖에 걸리지 않기 때문에 짧은 기간에 실험하고 결과를 얻을 수 있답니다.

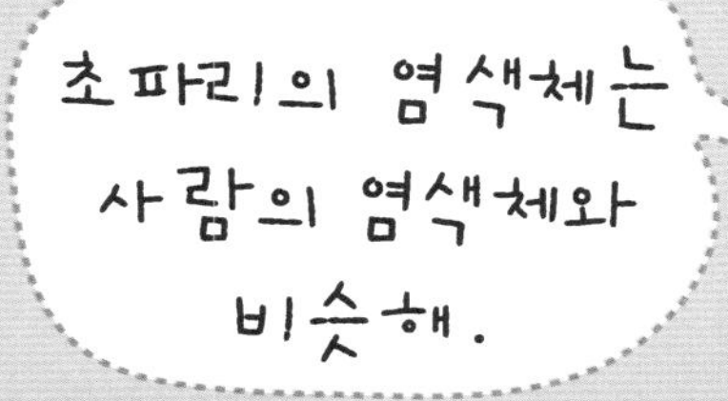
초파리의 염색체는
사람의 염색체와
비슷해.

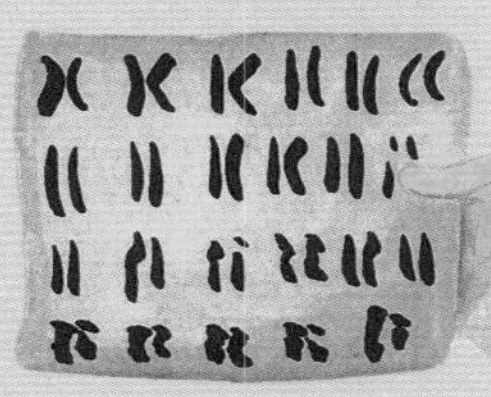

윽~ 뭘 실험
하실려고요!

56 거미는 왜 곤충이 아닌가요?

곤충은 몸이 머리, 가슴, 배 세 부분으로 나뉘고,
두 쌍의 날개와 세 쌍의 다리가 있어야 해요.
하지만 거미는 몸이 머리, 가슴 두 부분으로
나뉘고 다리도 네 쌍이나 되어요.
날개도 없고 더듬이도 없지요.
그래서 거미는 곤충이 아니라
거미강에 속하는 절지동물이랍니다.

너도
동물이라고?

57 입이 가장 긴 곤충은 무엇인가요?

입이 가장 긴 곤충이라면
긴입갈색박각시나방을 따라올 수 없어요.
입 길이가 무려 27센티미터나 되거든요.
입이 너무 길어 불편할 것 같다고요? 그렇지
않아요. 평소에는 돌돌 말고 있다가 꽃에서 꿀을
빨아먹을 때만 쫙 펴거든요.
참, 한 가지 더. 나방이라는
이름이 붙은 것을 보고 작은
나방을 생각하면 안 돼요.
날개의 길이가 약 10센티미터나
될 정도로 큰 몸집을 가지고
있거든요.

58 메뚜기와 귀뚜라미는 어떻게 달라요?

메뚜기는 풀잎을 먹고 살아요. 식성이 좋아서 자신의 몸무게의 2배나 되는 먹이를 먹을 수 있어요.

그래서 메뚜기 떼가 농작물을 휩쓸고 가면
피해가 큰 해충이에요. 메뚜기는 낮에 활동을
해요. 풀에서 사는 메뚜기는 몸빛이 초록색이고,
땅 위에 사는 메뚜기는 갈색이에요.
귀뚜라미는 메뚜기와 비슷하게 생겼어요.
하지만 몸빛이 진한 흑갈색을 띠어요.
사람들이 사는 집 주위 풀밭이나 돌 틈에서
살아요. 먹이는 풀잎도 먹지만 곤충도 먹어요.
그리고 주로 밤에 활동을 해요.

59 세상에서 가장 빠르게 나는 곤충은 무엇인가요?

세상에서 가장 빠르게 나는 곤충은 등에예요.
등에는 몸빛이 누런 갈색이고 온몸에
털이 많아요. 한 쌍의 날개가 있고,
주둥이가 바늘 모양으로 뾰족하며 겹눈이
무척 크답니다.

등에는 짝짓기를 할 때쯤이면
시속 145킬로미터의 속도로 날 수 있어요.
웬만한 야구 선수가 던진 공보다 더 빠르답니다.

60 장수풍뎅이와 사슴벌레가 싸우면 누가 이겨요?

긴 뿔을 가지고 있는 수컷 장수풍뎅이와
집게처럼 생긴 큰 턱을 가진 수컷 사슴벌레가
싸우면 누가 이길까요?
승리자는 장수풍뎅이예요.
장수풍뎅이는 사슴벌레가 덤비면
긴 뿔을 사슴벌레의 큰 턱에 걸어
사슴벌레를 번쩍 들어올려
던져 버린답니다.

장수풍뎅이의 뿔은 적을 공격하는
훌륭한 무기이지요.

61 세상에서 가장 큰 곤충은 뭐예요?

세상에서 가장 큰 곤충은
열대 지방에 사는 대벌레예요.
몸집이 크기보다는 몸 길이가 길다고
할 수 있지요. 제일 큰 것은 몸 길이가 무려
55.5센티미터나 된답니다.
대벌레는 숲 속의 풀이나 나무에서 살아요.
처음에는 날개가 있었지만 지금은 없어요.
대신 다리가 걷기 편하도록 발달했답니다.
적의 공격을 받으면 다리를 떼어 내고
도망을 가거나 죽은 체해요. 다리는
떼어 내도 다시 나므로 걱정할
필요가 없어요.

우와~
길다~

62 이 세상에 가장 많은 곤충은 뭐예요?

이 세상에 가장 많은 곤충은 딱정벌레목에 속한 딱정벌레예요.

세계적으로 38만 종이 있고, 우리나라에만 약 3천여 종이 있어요. 풍뎅이, 하늘소, 사슴벌레, 반딧불이, 무당벌레, 바구미, 송장벌레 등이 모두 딱정벌레에 속해요.

딱정벌레는 갑옷을 입은 듯 온몸이 딱딱하고, 두꺼운 한 쌍의 앞날개가 몸을 덮고 있는 것이 특징이에요. 알에서 애벌레가 나오고, 번데기를 거쳐 어른딱정벌레가 되는 완전 탈바꿈 곤충이에요.

바구미

장수풍뎅이
반딧불이
송장벌레
하늘소
풍뎅이
무당벌레

63 잠자리는 왜 두 마리가 붙어 날아요?

"저것 좀 봐. 잠자리 두 마리가
붙어 날고 있네?"
가을 하늘에 잠자리 두 마리가 붙어
날고 있는 것을 보았다고요?
그렇다면 그 둘을 축하해 주어요.

둘은 서로 좋아하는 사이이거든요.
그래서 짝짓기를 하기 전에
신나게 하늘을 날고 있는 거예요.
잠자리는 짝짓기를 할 상대를
만나면 암수가 함께 하늘을 난 뒤
식물의 줄기나 나뭇잎에 내려 앉아
짝짓기를 해요.
짝짓기가 끝나면 암컷 잠자리는
곧 물속에 알을 낳는답니다.

히히~ 나는
천재 건축가!

64 가장 멋진 집을 짓는 곤충은 뭐예요?

곤충 가운데 가장 멋진 집을 짓는 곤충은 흰개미예요. 흰개미 무리는 숲 속에 2층 건물 높이만큼이나 되는 집을 짓거든요.

이처럼 높은 집에 살고 있는 주인공은 흰개미의 여왕개미예요.

흰개미는 나무의 속을 파먹는 해충으로, 여왕개미, 일개미, 병정개미로 계급이 나뉘어 생활을 한답니다.

65 여왕벌과 여왕개미는 어떻게 무리를 다스려요?

벌과 개미는 모두 무리를 이루어 살아요. 무리는 계급이 나뉘어 있어요. 벌과 개미를 다스리는 것은 여왕벌과 여왕개미예요. 여왕벌과 여왕개미는 평생 알만 낳아요. 식량을 구해 오고, 집을 지키는 것은 암벌과 암개미가 해요. 수벌과 수개미는 아무 일도 하지 않고 오직 여왕벌, 여왕개미와 짝짓기만 한 뒤 쫓겨나요.

여왕벌과 여왕개미가 무리를 다스릴 수 있는 것은 독특한 페로몬 때문이에요.

페로몬을 내뿜어 수컷을 불러 짝짓기를 하고, 페로몬으로 암벌과 암개미의 생식 기관이 자라는 것을 막아 알을 낳지 못하게 해요. 그래서 암벌과 암개미는 오직 일만 한답니다.

66 딸기 우유의 분홍색은 깍지벌레의 색이라고요?

"으웩! 말도 안 돼!"

맛있는 우유에 벌레가 들어간다고요?

그걸 어떻게 먹어요! 오해하지 말아요.

우유에 벌레가 들어간다는 말이 아니니까요.

딸기 우유는 예쁜 분홍색을 띠지요?

이 분홍색은 깍지벌레에서 뽑아낸

붉은 색소로 만들어진 거예요.

곤충의 몸에서 뽑아낸 것이라

꺼려진다고요? 그렇지 않아요.

인공으로 만든 색소보다 자연에서

얻은 색소가 우리 몸에 더

안전하답니다.

흠흠!
내가 좀
귀한 몸이지!

음~
천연색소라서
안전하구나!
고마워~.

67 곤충은 암컷이 울어요, 수컷이 울어요?

대부분의 곤충은 수컷이 울어요.

수컷이 우는 까닭은 같은 수컷끼리 싸울 때나 암컷과 짝짓기를 하고 싶을 때예요.

특히 암컷과 짝짓기를 하기 위해서
우는 것이 가장 큰 이유랍니다. 한마디로
"시간이 없어. 얼른 짝짓기를 해서
예쁜 알을 낳자."고 외치는 것이지요.
울음소리를 내는 수컷 곤충은
대부분 날개에 발음기가 달려 있어요.
이곳을 비벼서 소리를 낸답니다.
방울벌레, 매미, 여치, 귀뚜라미,
메뚜기, 방아깨비, 삽사리 등이 우는
곤충이에요.

68 흰개미는 왜 개미가 아닌가요?

이름이 비슷하다고 둘을 친척쯤으로
여기면 안 돼요. 흰개미는 개미와 완전히
다른 곤충이거든요.
흰개미의 조상은 바퀴벌레예요.
아주 오래전 바퀴벌레에서 진화되어
흰개미가 되었답니다.
흰개미는 나무의 속을 먹고 살지만,
나무를 스스로 소화시키지는 못해요.
그래서 몸속에 나무를
소화시키는 미생물을
키우고 있어요.

그런데 바퀴벌레 가운데 갑옷바퀴 역시 나무를 먹지만 소화를 시키지 못해 몸속에 나무를 소화시키는 미생물을 키우고 있답니다. 이 사실 때문에 흰개미는 바퀴벌레의 후손이라는 것이 밝혀졌답니다.

69 곤충도 좋아하거나 싫어하는 색이 있나요?

모두 그런 것은 아니지만 어떤 곤충은 뚜렷하게 좋아하는 색과 싫어하는 색이 있어요. 대표적으로 진드기나 총채벌레, 담배나방 등이 그러하답니다.
진드기와 총채벌레는 노란색이나 파란색을 좋아해요.
그래서 원예 농가에서 노란색 끈끈이를 비닐하우스 안에 매달아 두면 손쉽게 이 곤충들을 잡을 수 있답니다.

진드기나 총채벌레와 달리 밤에 움직이는
담배나방은 노란색을 싫어해요.
그래서 노란빛을 느끼면 낮인 줄
알고 움직이지를 않는답니다.
이를 이용해 과수 농가에서 밤에
노란 불을 켜두면 담배나방이
과일의 즙을 빨아먹는 것을
막을 수 있어요.

70 동충하초는 벌레예요, 버섯이에요?

'동충하초' 라는 말을 풀어 보면
'겨울은 벌레, 여름은 풀' 이라는 뜻이에요.
한마디로 동충하초는 곤충의 몸에서
자란 버섯이랍니다.
봄에서 가을에 걸쳐 공기 중에 동충하초균이
떠다니다가 개미나 매미, 잠자리, 풍뎅이 등의
입이나 기문을 통해 곤충의 몸 안으로 들어가요.
그러고는 곤충의 몸에 있는 영양분을 먹으며
점점 곰팡이를 만들어요. 마침내 곤충의 몸 전체로
곰팡이가 가득 피게 되면 곤충은 목숨을 잃고
껍데기만 남게 된답니다.
이런 상태로 겨울을 보내고 다음 해 여름이 되면

곤충의 몸에서 버섯이 자라나게 되는데,
이것이 바로 동충하초랍니다.

71 모래사장에도 곤충이 사나요?

강변 모래사장에도 곤충이 살고 있어요.
닻무늬길앞잡이, 강변길앞잡이,
큰무늬길앞잡이 등의 곤충이에요.
이들 곤충은 사람 앞에서 뛰어다니는
것이 마치 "훠이, 물러서라!"
외치며 길을 안내하는 것처럼 보여
'앞잡이' 라는 이름이 붙었어요.
이들 곤충은 모래 언덕에 알을 낳으며,
딱지날개를 가지고 있어요.
그런데 위험한 순간이 다가오면 날개를 이용해
나는 것이 아니라 발로 달려서 도망을 가요.
길앞잡이들은 발이 무척 빠르거든요.

72 벌에 쏘이면 죽을 수도 있나요?

벌 한 마리가 쏘면 "따끔!" 하고 아프지만 수십 수백 마리가 한꺼번에 덤벼들어 쏘면 목숨을 잃을 수도 있어요.

미국에서는 한 해에 50명 정도가 벌에 쏘여 죽는다고 하니 그 독이 얼마나 강한지 짐작이 가지요? 특히 벌독 알레르기가 있는 사람은 한두 마리가 쏘았다고 해도 정신을 잃고 쓰러질 수 있답니다.

참, 벌 가운데 꿀벌은 다른 벌들과 달리 건드리지 않으면 사람을 공격하지 않아요.

으앙~
너무 아파!

날 건드리면
쏜다니까!

73 노예를 부리는 개미도 있나요?

곤충이 노예를 부리다니 생각만 해도 재미있지요?
그 주인공은 바로 사무라이개미예요.
사무라이개미는 어찌나 얌체인지 곰개미의
번데기들을 제 마음대로 데려다 노예로
부린답니다.
번데기를 찢고 곰개미가 태어나면
여왕사무라이개미는 독특한 물질을 내뿜어
새끼 곰개미들을 세뇌시켜요.

그러면 곰개미들은 평생 사무라이개미를 떠나지 않고 그들을 먹여 살린답니다.
사무라이개미들은 곰개미의 수가 줄어들면 또다시 곰개미 번데기를 찾아 집을 나선답니다.

에구~
내 새끼들.

74 수컷의 등에 알을 낳는 곤충도 있나요?

'물자라' 라는 곤충이 있어요. 물자라는 강이나
저수지 등 잔잔한 물에 사는 곤충이에요.
물자라 암컷은 짝짓기가 끝나면
수컷의 등에 줄지어 알을 낳아 붙여요.
수컷은 등에 붙은 알이 충분히 산소를 들이쉴 수
있도록 하루 종일 물 밖에서 지내요. 잘못하면
물새에게 잡아먹힐 수도 있지만 수컷 물자라는
사랑하는 알들을 위해 위험을 무릅쓰지요.
수컷 물자라의 눈물겨운 사랑 덕분에 알들은
물자라의 등에서 애벌레로 깨어난답니다.

75 바퀴벌레는 적이 오는 것을 어떻게 알아요?

바퀴벌레는 어두운 곳을 좋아해요. 그래서 집 안의 불을 모두 끄면 살금살금 기어 나와 돌아다니지요. 그러다 불이라도 켜면 재빠르게 구석으로 숨어 들어가요. 그 속도가 어찌나 빠른지 그야말로 눈 깜짝 할 새랍니다.

바퀴벌레가 재빠르게 움직이는 것은 더듬이와 꼬리에 있는 뿔이 물체의 움직임을 알아채는 능력이 뛰어나기 때문이에요.

그래서 아무리 바퀴벌레에 살금살금 다가가도 알아채고 재빨리 도망가 버린답니다.

야!
사람이다.
피해!
벌써
피했지롱!

76 하루살이는 정말 하루만 사나요?

하루살이는 하천이나 호수 등 물가에서 살아요.
알에서 깨어나 애벌레와 번데기를 거쳐
어른하루살이가 되는 데 1~3년 정도 걸려요.
그런데 어른하루살이가 되어서는 고작
몇 시간 또는 1~3일 정도를 살다 죽어요.
어른하루살이가 되어 짧은 시간 동안 살다 죽기
때문에 '하루살이'라는 이름으로 부르게 되었지요.
하루살이는 살아 있는 동안 얼른 짝짓기를 하여
종족을 이어야 해요.
그래서 하루살이는 입이 없어요.

먹이를 구할 시간도 아껴 1~3일 안에 짝짓기를 하고 알을 낳아야 하니까요. 알을 낳은 하루살이는 목숨이 다해 죽는답니다.

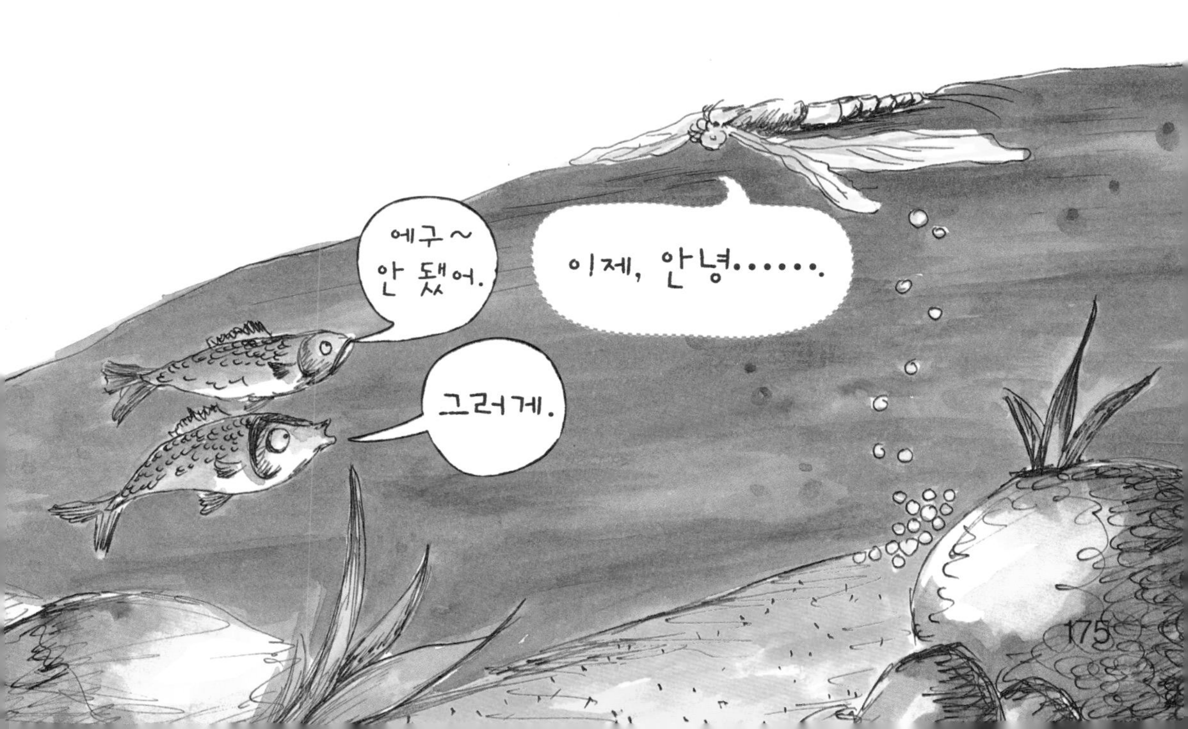

77 말벌 침과 꿀벌 침은 어떻게 달라요?

꿀벌은 침을 한 번 쏘고 나면 죽어 버려요.
꿀벌의 침은 끝이 바늘처럼 뾰족한데 겉에
갈고리가 있어서 침을 쏘면 이 갈고리 때문에
침이 박혀 빠지지 않아요. 그래서 꿀벌이 침을
쏜 뒤에 날아가려 힘껏 날아오르면 침과 연결된
내장이 함께 빠져버린답니다. 내장이 빠져버리니
꿀벌은 목숨을 잃을 수밖에요.
하지만 말벌의 침은 매끈하게 뾰족해서
침을 쏜 뒤에 날아오르면 쏙 빠진답니다.
그래서 침을 쏘고 나서도 죽지 않지요.
말벌은 꿀벌과 달리 여러 번
침을 쏠 수 있답니다.

78 누에에서 어떻게 실을 얻나요?

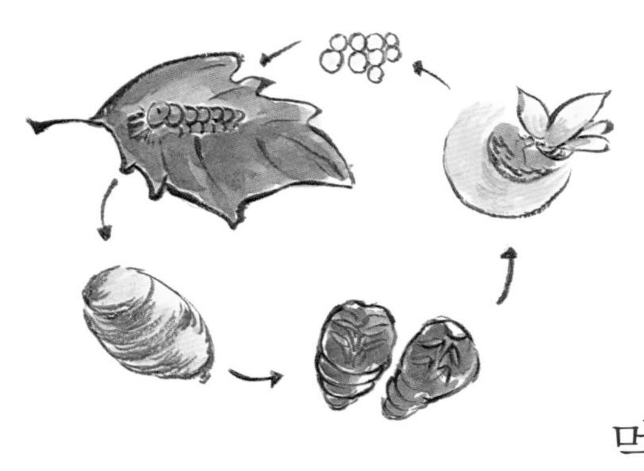

누에는 누에나방의 애벌레예요.
누에는 알에서 깨어나자마자 뽕잎을 먹으며 자라기 시작해요.
누에가 뽕잎을 먹는 소리는 어찌나 활기찬지 시끄러울 정도랍니다.
한 달 정도 되면 누에는 입으로 실을 토해 자신의 몸을 칭칭 감아 튼튼한 고치를 만들어요.
그러고는 고치 안에서 번데기가 된답니다.
번데기 안에서 나방으로 완전히 자라면 번데기를 찢고 나온답니다.

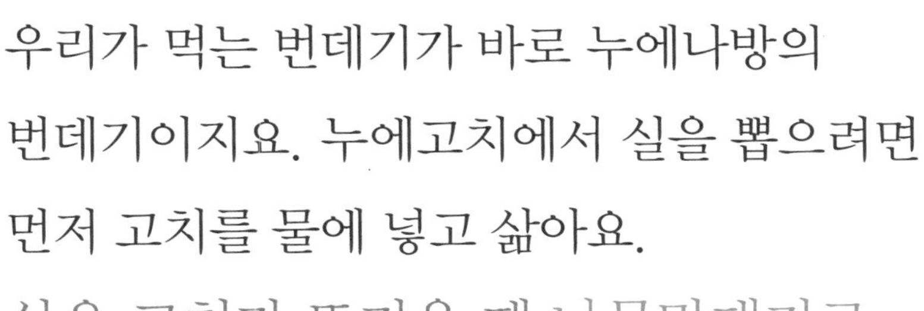

우리가 먹는 번데기가 바로 누에나방의
번데기이지요. 누에고치에서 실을 뽑으려면
먼저 고치를 물에 넣고 삶아요.
삶은 고치가 뜨거울 때 나무막대기로
저어 주면 실 끝이 풀려요.
이 끝을 시작으로 계속 감으면
고치에서 실을 뽑을 수
있답니다.

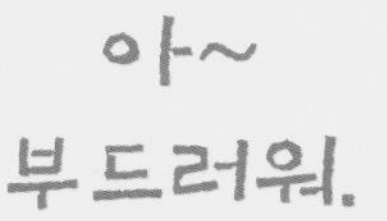

누에고치의 실로 짠
옷감이 바로
비단이에요.

79 체체파리에 물리면 왜 위험한가요?

보통의 파리는 단맛을 좋아해요.
하지만 아프리카에 살고 있는 체체파리는 사람과
가축의 피를 좋아해요. 그래서 모기처럼 피를
빨아먹는답니다. 그깟 파리에 물리면 좀
어떠냐고요? 큰일 날 소리예요.
체체파리에 물리면 수면병에 걸려
깨어나지 못할 수도 있답니다.
체체파리에 물리면 처음에는 무척
높은 열이 나고 머리가 아파요.
그런데 이를 가볍게 여기고
치료를 하지 않으면 신경에
손상을 주어 영원히

잠에서 깨어나지 못하게 된답니다.
체체파리는 보츠와나 원주민 말로
'소를 죽이는 파리' 라는 뜻이에요.
무시무시하지요?

80 멸종 위기에 놓인 곤충은 무엇인가요?

전 세계적으로 점점 사라져 가는 곤충이 있어요. 도시화와 산업화로 자연이 개발되면서 곤충들이 사는 서식지가 망가져 버렸기 때문이지요. 우리나라도 많은 종류의 곤충들이 그 수가 줄어들고 있어요. 그래서 환경부에서 멸종 위기에 놓인 곤충들을 지정해 보호하고 있답니다.

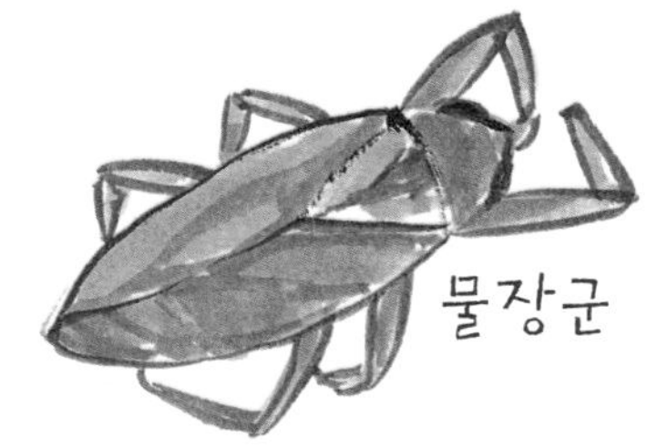

물장군

장수하늘소, 산굴뚝나비,
수염풍뎅이, 두점박이사슴벌레,
상제비 등은 1급 보호 대상이에요.
고려집게벌레, 물장군, 붉은점모시나비,
비단벌레, 쇠똥구리, 쌍꼬리부전나비,
애기뿔쇠똥구리, 왕은점표범나비,
울도하늘소, 주홍길앞잡이,
큰자색호랑꽃무지 등은
2급 보호 대상이랍니다.

장수하늘소

수염풍뎅이

우리를 보호해 주세요!

두점박이사슴벌레

붉은점모시나비

81
거미는 왜 거미줄에
걸리지 않을까요?

거미는 몸에서 거미줄을 뽑아내어 거미줄에
곤충이 걸리면 잡아먹어요.
거미줄은 끈적끈적하기 때문에 곤충이 한번
달라붙으면 떨어지지 않으며, 빠져나오려
발버둥을 치면 칠수록 더욱 감겨들어요.
그런데 거미는 자신이 쳐놓은 거미줄을 슬금슬금
잘도 기어가요. 거미는 끈적끈적한 거미줄에
달라붙지 않고 어떻게 기어갈 수 있을까요?
그것은 거미의 발이 아주 독특하기 때문이에요.
거미의 발에서는 거미줄에 달라붙지
않도록 하는 물질이 나온답니다.
그래서 거미는 거미줄 위를 기어가도
달라붙지 않아요.

82 파리는 왜 앞발을 들고 비벼 댈까요?

파리는 천장에 달라붙어 있기도 하고
가느다란 줄에 달라붙어 있기도 해요.
이렇게 파리가 달라붙어 있을 수 있는 것은
발바닥에 '빨판'이 있기 때문이에요.
빨판은 파리가 음식을 빨아 먹을 때 사용하기도
하는 것으로 파리에게는 아주 중요한 몸의
일부예요.

그래서 파리는 열심히 빨판을 청소한답니다.
앞발을 들고 비비면서 먼지를 털어 내고
적당히 물기가 있도록 주둥이로 연신 침을
묻힌답니다.

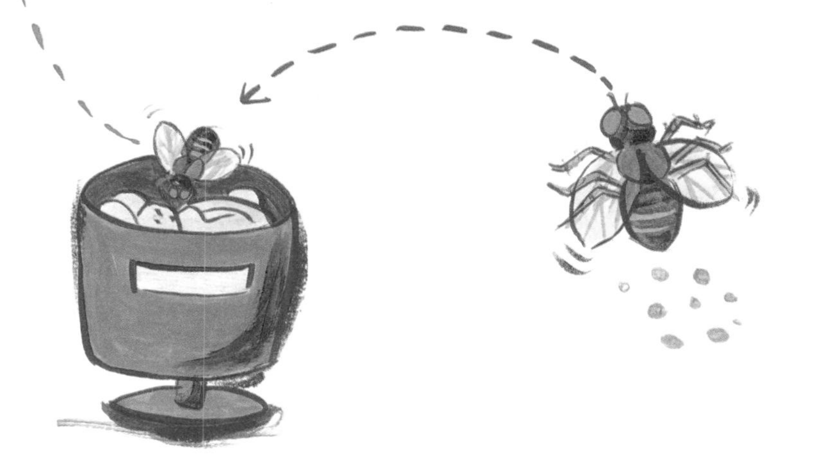

초판 1쇄 발행 2012년 2월 25일
초판 2쇄 발행 2013년 12월 10일

발행인 최명산 **글** 해바라기 기획 **그림** 김진경, 김은경
책임 교정 최윤희 **디자인** 권신혜 **마케팅** 신양환 **관리** 윤정화
펴낸곳 토피(등록 제2-3228) **주소** 서울시 서대문구 홍제천로6길 31 201호
전화 (02)326-1752 **팩스** (02)332-4672 **홈페이지 주소**
http://www.itoppy.com

ISBN 978-89-92972-47-5
ISBN 978-89-92972-44-4(세트)